鹤壁市地下水资源动态演变规律研究

汪孝斌　万贵生　编著

黄河水利出版社

·郑州·

内容提要

地下水是水资源的重要组成部分。鹤壁市对地下水的开发利用程度一直都比较高，水资源供需矛盾非常突出。本书从降水、水资源评价入手，采取水利区划和水平衡法对地下水动态进行了深入研究，分析了鹤壁市地下水开发利用中存在的问题，并对地下水科学利用和保护提出了建设性建议，是鹤壁市地下水资源研究的一项重要成果。

本书可供从事地下水、水文水资源管理、研究的科技工作者以及大专院校相关专业的师生阅读参考。

图书在版编目(CIP)数据

鹤壁市地下水资源动态演变规律研究/汪孝斌，万贵生编著.—郑州：黄河水利出版社，2016.3

ISBN 978-7-5509-1393-6

Ⅰ.①鹤… Ⅱ.①汪…②万… Ⅲ.①地下水资源-演变-研究-鹤壁市 Ⅳ.①P641.8

中国版本图书馆CIP数据核字(2016)第062243号

组稿编辑：王路平 电话：0371-66022212 E-mail：hhslwlp@163.com

出 版 社：黄河水利出版社

地址：河南省郑州市顺河路黄委会综合楼14层 邮政编码：450003

发行单位：黄河水利出版社

发行部电话：0371-66026940、66020550、66028024、66022620(传真)

E-mail：hhslcbs@126.com

承印单位：河南新华印刷集团有限公司

开本：890 mm×1 240 mm 1/32

印张：3.125

字数：80千字 印数：1—1 000

版次：2016年3月第1版 印次：2016年3月第1次印刷

定价：15.00元

前　言

地下水是自然界水体循环的重要环节，是水资源的重要组成部分。作为豫北缺水地区的鹤壁市，地下水又是开发利用水资源的重要对象。随着当地社会经济的发展和人口的增长，人们对水的需求量日益增加，水的供需矛盾也越来越突出，地下水的开发利用程度也越来越高，地下水位越来越低，人们已经开始意识到，地下水并不是取之不尽、用之不竭的，而是一种具有经济特性与环境特性的资源。因此，应努力使水资源的供给与需求达到平衡，并将水资源的管理重点由供给开发转向计划利用。鹤壁市处于半干旱半湿润地区，水资源总量严重不足，而且时空分布不均，加之水质日趋恶化，加剧了本地区水资源供给与需求之间的矛盾。因此，对本地地下水资源的动态演变规律进行系统的研究，对于实行水资源综合开发，合理利用和统一管理，使其在发展国民经济和提高人民生活水平方面都具有重要意义。

本次地下水资源动态研究的总体思路是：在全面摸清本地水资源及其开发利用情况的基础上，着重研究了地下水资源的自然属性和经济属性，进一步深化对地下水资源形成、耗散和价值的认识，按照可持续发展的要求和社会主义市场经济的规律，根据国家新时期的治水方针，以提高水资源的利用效率为核心，把水资源节约、保护和合理配置放在突出位置，制定与建立新形势下地下水资源开发利用与管理的对策与制度，实现地下水资源的可持续利用，支持经济社会的可持续发展。

本次研究是在1988年完成的《鹤壁市水资源调查和水利化区划》的基础上，我们又于2007年在水利厅申报课题立项，旨在对鹤壁市的地下水进行全面的研究，分析地下水的演变过程及规律，应用新理论、新方法对鹤壁市的地下水水质、水量重新定义，查清地下水的分布情况，对鹤壁市科学、合理开发利用地下水提供技术支撑。

本书全面分析了鹤壁市的自然概况、水资源量、地下水动态和地下水埋深演变规律，并对不同年代鹤壁市地下水资源的开发利用情况进行了研究；针对鹤壁市地下水资源的开发利用程度进行地下水资源功能区划分；确定了地下水资源功能区划分的基本原则和方法。全书共分8章，主要介绍了鹤壁市自然概况、降水量与蒸发量分析、地表水资源量、地下水资源量、地下水动态分析、地下水开发利用分析、地下水水功能区划分和地下水研究成果。

本书的编写还受到了鹤壁市水利局、河南省水文水资源局、安阳水文水资源勘测局的技术支持和数据提供，研究中技术咨询了有关水文水资源、水利方面的专家学者，对他们的辛勤付出及无私帮助表示衷心的感谢！

本书在编写过程中还得到了华北水利水电大学曹连海教授的大力支持和帮助，在此一并表示衷心的感谢！

由于编者水平有限，不妥之处在所难免，还请专家、读者批评指正！

作 者

2016年1月

目　录

第 1 章　鹤壁市自然概况

1.1　自然地理

鹤壁市位于河南省北部，西依太行山脉，东邻华北平原，地理坐标为东经 113°59′～114°45′，北纬 35°26′～36°03′，辖浚县、淇县两县和淇滨、鹤山、山城三区，总面积 2 182 km^2，其中山地 331 km^2，占 15.2%；丘陵 646 km^2，占 29.6%；平原 1 153 km^2，占 52.8%；泊、洼地 52 km^2，占 2.4%。交通运输四通八达，京广铁路、107 国道、京珠高速公路贯穿南北，汤鹤铁路和浚鹤铁路形成的环线与通过市区的京广线连通，太白、安鹤、鹤台公路线与周边地市相通，并延伸至京、冀、晋、鲁等地，交通便利。

1.2　地形地貌

1.2.1　一般地形地貌

鹤壁市位于太行山与华北平原的过渡地带，地势西高东低，地面高程由西部的 700 m，过渡到东部的 120 m。西部太行山脉的断续隆起形成石灰岩侵蚀剥蚀低山区，中部华北平原的相对沉降形成砂页岩、泥岩剥蚀堆积丘陵岗台区，东部为华北平原。

地形呈现出西部基岩山区，山岭连绵，峰颠险峻，东西向沟谷横切，谷深壁陡，迂回曲折，山陡谷狭，绝壁悬崖林立的强侵蚀切割中低山地形；东部地形相对起伏趋缓，偶尔岗洼相间，绝大部分为山前倾斜平地。

主要地貌特征：低山区，主要展布在张陆沟—洪峪断裂带至卓坡—东马庄一线以西，由碳酸盐岩裸露低山、松散层覆盖断陷盆地、侵蚀堆积河谷地等次级地貌形态组成。丘陵区，分布在汤西断裂带以西至鹤壁西山山前，该区相对于西山山区下降，相对于汤阴地堑上升，为山区与平原的过渡区，大部分由第三系砂砾岩、砂页岩、泥岩组成，仅在西部有碳酸盐岩裸露。在外力作用下，形成碳酸盐岩裸露、碳酸盐岩隐伏剥蚀丘陵和侵蚀、堆积丘间洼地等不同的地貌景观。山前倾斜平地，分布于淇河出山口处的宋庄—礼寨河、庞村—辛村一带，为淇河冲积亚砂土、砂砾石组成的三级阶地，阶平面开阔，微向东倾斜。

1.2.2　岩溶地貌

受水文地质条件及气候等因素影响，形成以溶沟、溶孔、溶洞为主的岩溶形态；地下岩溶以溶蚀裂隙为主。西部碳酸盐岩裸露区，在构造裂隙的基础上，经水渗入扩溶作用，发育有较大的溶洞，如黄龙洞、雪花洞、玄天洞、竹园村西溶洞等。在非纯质灰岩中，主要发育蜂窝状溶孔，新鲜面以针状溶孔为主，较大的溶孔多被黄色黄土状物质覆盖。东部地区可溶性碳酸盐岩被第四系覆盖或埋藏于第三系、石炭系、二叠系之下，形成以溶蚀裂隙为主的岩溶形态。

岩溶发育主要受地层岩性、地质构造和水动力条件的控制。地层岩性、地质构造和水动力条件在空间上分布的差异性，导致了岩溶发育程度的明显不同。从平面上呈现出明显的带状分布，鹤壁集—大湖—许家沟一带和秦马庄—九矿—奶奶庙一带，不仅有可溶性岩分布而且山前密集阶梯状断层断块，岩石破碎，派生次级断裂裂隙发育，为岩溶强发育地带。加之东边煤系地层阻水，成为地下水富集、径流、排泄的主要场所。在剖面上由于不同的地质背景形成不同规模的岩溶形态，呈现出明显的岩溶发育强弱不均匀性，西部地区溶洞发育高程主要在 200 ~ 250 m、270 ~ 300 m、380 ~ 410 m三个水平上，东部岩溶发育层位主要在 50 ~ 200 m。

1.3　气象水文

鹤壁市属温带半湿润大陆性季风气候，受地理位置及地形的影响，春季干旱，夏季炎热，寒暑期长，温季较短，气温、降水量等要素年际变化显著。多年平均气温 14.2 ℃，极端最低气温 -17.5 ℃，极端最高气温 42.2 ℃，多年平均降水量 615.4 mm，历年最小降水量 277.3 mm，最大降水量 1 258.8 mm，受季风气候和地形影响，降雨时空分布不均，主要集中在汛期，汛期(6 ~ 9 月)降水量占全年降水量的 72%；地区上西部山区大于东部平原。多年平均无霜期 220 d，多年平均蒸发量 1 124.3 mm(E601 型)。

鹤壁市属海河流域南运河水系。区内主要河流为淇河，淇河是卫河的主要支流之一，发源于山西陵川县方脑岭，流经河南省新乡市辉县市，安阳市林州市，鹤壁市山城区、淇滨区、浚县、淇县，于浚县淇门入卫河，流域面积 2 141.5 km^2，多年平均实测流量 10.1 m^3/s，最大流量 5 590 m^3/s，最小流量 0，水质优良。北部边缘有洹河(又称安阳河)，该河发源于林州市，经安阳县和鹤壁市，于内黄县入卫河。中部有汤河，发源于鹤壁集乡孙圣沟村，流经鹤壁、汤阴、安阳，至内黄经西元村入卫河。共产主义渠和卫河在本区东部通过。

1.4　社会经济

鹤壁市是一个以能源工业为主，化工、轻纺、电子、建材等综合发展的新兴工业城市。煤炭电力、冶金建材、机械电子、轻纺化工、食品加工等工业门类比较齐全,电子、军用通信、化工等产品在全国、全省有较高的知名度,畜牧业深加工潜力巨大,特别是涌现出一批以朝歌集团、同济集团、大用集团、天元集团、永达食业等为代表的非公有制明星企业。新市区城市体系框架已基本形成,正在逐步形成一个以轻纺、机械、电子等高新技术产业为主,以外向型企业为导向,集科、工、商、贸为一体的高新技术产业基地。

鹤壁市矿产资源分布广,种类达26种。煤炭资源丰富,已探明原煤地质储量达12.98亿t,可采储量9.03亿t;白云岩3.2亿t,石灰石储量巨大。瓦斯气、二氧化碳、水泥灰岩、石英砂岩、耐火黏土等均具有较高的开采价值。

据2012年统计,鹤壁市总人口160.278 1万人,国内生产总值达到545.780 6亿元,人均国内生产总值34 456元。全市城镇化水平达51.6%。城市人均可支配收入达10 912元;农村粮食产量达116.320 5万t,农民人均纯收入达4 827元。

1.5　区域地质和水文地质概况

1.5.1　地质构造

鹤壁市处于新华夏纪华北拗陷的西部和太行山隆起的东南边缘,南邻秦岭纬向构造带,西与晋东南山字型东翼反射弧相接,东为汤阴地堑。由于经历了多期构造运动(以燕山—喜马拉雅山期为主),地质构造主要呈现褶皱轻微、断裂发育的特征。构造体系可分为东西向、南北向、北东向、新华夏系,且以新华夏系构造最为发育。

1.5.1.1　东西向构造体系

东西向构造体系分布在大河涧、南荒以南,总体走向在80°~

100°，由压性、压扭性断层组成，断层倾角多在70°以上。主要构造有形盆—水峪断层（F1）、卓坡北断层（F2）、卓坡南断层（F3）。

1. 形盆—水峪断层（F1）

断层总体走向在95°～110°，断面多向南倾斜，局部北倾，倾角72°以上，垂向断距10 m、50 m、100 m，各地不等，破碎带宽6～30 m，具多次活动性，沿断层带形成沟谷，切割寒武系、奥陶系，断层走向及倾向均呈舒缓波状。形盆河基本沿断层走向发育，汇集淇河南岸的地表径流，该断层成为裂隙岩溶水集中的补给通道。

2. 卓坡北断层（F2）

断层东起朔泉，经卓坡村北至柏尖山南，长约6 km。东段走向东西，西段向南西偏转70°～75°，与赵峪北东向断裂发生复合（或联合）交接，呈弧形，断层面北倾，倾角78°，为压性。切割奥陶系及第三系地层。

3. 卓坡南断层（F3）

断层沿卓坡村南向西至王家窑东发育，长约3 km。与白龙庙—大柏峪断层（F5）发生复合（或联合）交接，断层面北倾，倾角70°，为压性。切割奥陶系及第三系地层。

1.5.1.2 南北向构造体系

南北向构造体系在化象、石门东一带集中发育，多数断裂表现为压性，少数断裂局部地段有扭性特征，部分被新华夏系构造改造，但仍保持着南北向构造本身所固有的特点。主要构造为化象断层（F4）。

化象断层（F4）位于化象村东，北起小化象，南到蒋家顶东南，全长约4 km。切割奥陶系地层，断层总体走向近南北，倾向西，倾角80°左右。主断层在化象以南以单一断层形式出现，而在化象一带以互相平行的多条断层的带状形式出现。性质为压性或压扭性，诱导金伯利岩侵入。

1.5.1.3 北东向构造体系

北东向构造体系主要分布在南部,断层走向多在45°左右,断裂往往成组或单体等间分布。断裂破碎带及伴生和派生构造发育良好,其性质表现以压为主兼反扭,局部见张性和水平顺扭。主要构造为白龙庙—大柏峪断层(F5)、天井洼断层(F6)。

1. 白龙庙—大柏峪断层(F5)

断层走向40°~60°,呈略向北西突的弧形,长约4 km。切割奥陶系及第三系地层。断层附近岩石挤压破碎,片理、劈理发育,倾向北西,倾角为65°~70°,性质为压性。

2. 天井洼断层(F6)

断层走向40°~50°,长约12 km。断层切割奥陶系地层。破碎带宽5~40 m,倾向北西,倾角56°~79°,性质为压扭性。

1.5.1.4 新华夏系

新华夏系在鹤壁市内广泛分布,活动强烈,构造表现形式以断层为主,总体走向15°~25°,规模较大,有些长达数十千米,其表现特征为压性或压扭性,并呈规律的雁行排列,褶皱轻微。主要构造有盘石头背斜、青梅山断裂(F7)。

1. 盘石头背斜

盘石头背斜南起黄洞经盘石头至施家沟一带。褶皱轴走向北东15°左右,向北倾斜。该部出露地层为寒武系,地层产状平缓,倾角5°左右,两翼为奥陶系,岩层倾角10°~25°。背斜轴部出露中、下寒武系砂页岩,构成裂隙岩溶水的阻水边界。

2. 青梅山断裂(F7)

青梅山断裂(F7)由两条近于平行的北北东向断层组成,北起张陆沟西山,经青梅山直达张公堰西大沟,全长约10 km,切割奥陶地层。断层南段走向20°~30°,青梅山以北地段,由于与南北向构造复合,走向5°~10°,倾向东或西,倾角53°~88°,性质以压性为主,兼有扭性。沿断层有金伯利岩侵入。

1.5.2 地层

境内主要出露地层为寒武系、奥陶系、第三系、第四系。西部山区和东部丘陵岗区尚有石炭系、二叠系,呈条带状零星分布,还有不同时期、不同性质的岩浆岩分布。按岩层组合类型划分为如下六类。

1.5.2.1 非碳酸盐岩类夹不纯碳酸盐岩类

此类地层组合中,主要由下寒武统馒头组($\in_1 m$)、中寒武统毛庄组($\in_2 m$)和徐庄组($\in_2 x$)构成。

馒头组($\in_1 m$):下部是以紫色为主的硅质白云岩、粉砂岩、泥岩,岩层表面有龟裂、波痕和食盐假晶,中部为泥质条带灰岩和黄绿色页岩互层,上部为灰黄色泥灰岩,与下伏震旦系地层平行不整合接触,厚69 m,分布在辉泉沟到野猪泉一带。

毛庄组($\in_2 m$):中下部为紫色页岩,夹有薄层粉砂质泥灰岩,上部为紫色页岩与灰色中薄层灰岩互层,与下伏地层整合接触,厚度26 m,分布在盘石头、小宽河一带。

徐庄组($\in_2 x$):中下部是一套紫褐色页岩,粉砂质页岩夹薄层灰岩及海绿石石英砂岩,中夹两层生物碎屑灰岩。上部为黑色鲕状灰岩、泥质灰岩与黄绿色钙质页岩互层。其中,有数层灰黑色薄板状含三叶虫生物碎屑灰岩,与下伏地层整合接触,厚91 m,分布在盘石头、小宽河一带。

1.5.2.2 纯碳酸盐岩类

此类地层主要为中寒武统张夏组($\in_2 z$):下部为青灰色厚层花斑状灰岩,风化面可见条带状溶蚀现象,并夹有二层鲕状花斑状灰岩。中上部为鲕状灰岩与藻礁灰岩互层,其底部有0.2 m深灰色豆状灰岩与厚2.2 m生物碎屑灰岩,含三叶虫化石,与下伏地层整合接触。厚150 m,分布在天井沟、潭峪、杨家沟一带。

1.5.2.3 碳酸盐岩类夹不纯碳酸盐岩类

此类地层组合中,主要由上寒武统($\in_3$)和下奥陶统(O_1)构成。

上寒武统($\in_3$):下部为厚层鲕状灰岩,其间夹有泥质条带和竹叶状灰岩;中部为青灰色薄层泥质条带灰岩与竹叶状灰岩互层,并夹浅灰色白云质灰岩;上部为细晶白云岩,厚60 m。与下伏地层整合接触,分布在施家沟一带。

下奥陶统(O_1):下部为灰白色巨厚层中粗粒结晶白云岩,以含燧石团块为特征,成层性不明显。上部为灰白色中厚层含燧石条带白云岩及细晶白云岩,成层性好。从下至上团块燧石条带逐渐增厚,含少量燧石团块。与下伏地层整合接触,厚160 m。分布在小化象、黄莽峪、河口、挂沟、西小庄一带。

1.5.2.4 纯碳酸盐岩类与不纯碳酸盐岩间互层类

此类地层组合中,主要由中奥陶系(O_2)下马家沟组(O_2x)、上马家沟组(O_2s)、峰峰组(O_2f)构成。

下马家沟组(O_2x):底部为灰黄色钙质页岩与泥灰岩互层,泥灰岩层理明显;下部为灰、灰黄色角砾状灰岩,角砾为红、黄色泥灰岩,灰色灰岩,白云质灰岩,角砾大小混杂,胶结物为硅质;中上部为青灰色中厚层、中薄层灰岩。与下伏地层整合接触,厚116 m。分布在高沟洞、毛连洞一带。

上马家沟组(O_2s):下部为灰白、砖红色角砾状灰岩,薄层状泥灰岩夹页岩,角砾成分为灰岩、白云质灰岩,胶结疏松,风化面呈砖红色;上部为巨厚层纯灰岩及花斑状灰岩夹有薄层角砾状灰岩、白云质灰岩。与下伏地层整合接触,厚200 m。分布在施家沟、西小庄、柏尖山一带。

峰峰组(O_2f):下部为紫红色泥质白云质角砾状灰岩、灰白色白云岩,易风化。上部为青灰色厚层灰岩,中间夹有一层约2.0 m的灰色角砾状灰岩。顶部为古岩溶风化壳。与下伏地层整合接触,厚150 m。分布在潘家荒、中山、西小庄一带。

1.5.2.5 碎屑岩夹纯碳酸盐岩类

此类地层组合中,主要由石炭二叠系(C+P)构成。

石炭二叠系(C+P):下部为砂质泥岩、碳质页岩、砂岩、薄层灰岩及煤层。上部为砂岩,其底部有石膏层。与下伏地层平行不整合接触,厚度大于1 000 m。分布在张陆沟、南北应善一带。

1.5.2.6 松散岩类及碎屑岩类

此类地层组合中,主要由上第三系(N)和第四系(Q)构成。

上第三系(N):主要为钙质、泥质砂岩,钙质、砂质泥岩,泥灰岩夹砾岩及火山碎屑岩组成。砾岩层从北向南有逐渐变薄的趋势,北部厚十几米到几十米,南部仅有几米。与下伏地层角度不整合接触,厚度大于68 m。分布在东部豆马庄、寨前、西扒、卓坡一带。

第四系(Q):以砂砾石、亚砂土、亚黏土等组成的坡积、冲洪积物,分布在毕吕寨、崔村沟、鹿楼一带;以砂砾石、亚砂土等组成的冲积物,分布在北部及南部河谷地区。与下伏地层不整合接触。厚度均小于25 m。

1.5.2.7 岩浆岩

岩浆岩主要有燕山期的中酸性侵入岩,喜山期的基性、超基性侵入岩和喷发岩。

燕山期的中酸性侵入岩:出露在西部山区,出露面积约3 km^2,岩体西北端被南平断层切割与中奥陶系上部花斑状灰岩接触,其他岩体周围皆与中奥陶系上部灰岩呈顺层或侵入接触。岩体在垂向上从上而下为斜长岩、石英二长岩、闪长岩,具有明显的分带性和逐渐过渡的特征。

喜山期的基性、超基性侵入岩和喷发岩:在分布上受新华夏系断裂控制,形成自西向东发育的金伯利岩、枯橄玢岩、橄榄玄武岩。金伯利岩分布于西部大乌山—化象断裂带及其两侧,岩体呈管状、脉状侵入到中奥陶系灰岩中,呈蓝绿、黄绿、砖灰和橙黄等色,具有块状、角砾状和眼球状构造,斑状和凝灰状结构极为明显。枯橄玢岩主要为上峪枯橄玢岩岩体,呈管状,垂向纵剖面呈扇形。岩石呈黑色、暗灰色,斑状结构,致密块状、角砾状构造,局部出现气孔和杏仁状构造。橄榄玄武岩零星出露在后营、鹿楼一带,其分布受断裂控制,并直接侵入在新华夏系断裂中,与围岩接触面常有烘烤现象,呈灰色、暗灰色,致密状或气孔状、杏仁状、蜂窝状及溶渣状、斑状构造。

1.6 地下水开发利用工情

鹤壁市地下水取水工程,由人工凿井发展到机械凿井,由井深几米发展到现在的400~500 m,甚至上千米;由原来的满足生活用水要求,发展到现在的满足工农业生产及其他要求,由原来的机井发展到现在的电井。机电井灌溉面积20世纪80年代中期发展到59.38 khm^2,90年代初发展到68.89 khm^2,90年代中期发展到61.34 khm^2,21世纪初为59.58 khm^2,近几年来井灌面积保持在60 khm^2左右。取水井数由1985年的13 718眼发展到2007年的24 188眼。机电井灌溉面积1985年占灌溉面积的77.1%,2007年占灌溉面积的70.2%。手摇取水井由1985年的1 168眼减少到2007年的381眼,机电取水逐渐取代手工取水。取水井工程在鹤壁市的经济和社会发展中占有举足轻重的地位,对保持可持续发展发挥着重要作用。鹤壁市地下水灌溉面积及取水井工程情况见表1-1。

表 1-1　鹤壁市地下水灌溉面积和灌溉水井工程情况

年份	机电井灌溉面积(khm^2)	灌溉面积(khm^2)	耕地面积(khm^2)	取水井					
				机井数(眼)	装机容量(kkW)	电井数(眼)	装机容量(kkW)	一般井数(眼)	总数(眼)
1985	59.38	77.01	104.63	7 611	69.69	4 939	23.99	1 168	13 718
1990	68.89	121.29	102.78	4 707	51.732	12 548	73.588	1 401	18 656
1995	61.34	84.29	100.35	4 693	50.37	14 485	87.85	585	19 763
2000	59.58	83.60	99.53	4 922	54.00	15 782	99.83	616	21 320
2005	60.22	85.30	96.15			22 874	179.20	624	23 498
2007	60.23	85.68	96.38			23 807	188.64	381	24 188
2008		87.15	96.163			24 135	208		24 135
2009		86.95	96.866			24 991	230.46		24 991
2010		85.92	96.865			25 790	188.80		25 790
2011		85.94	96.863						
2012		85.96	96.860						

第 2 章　降水量与蒸发量分析

2.1　降水量分析

2.1.1　降水资料系列

本次分析计算共收集到鹤壁市所辖区域及周边地区 25 处雨量站点的系列观测资料，对其进行综合分析、比较筛选，选出资料代表性较好、观测精度较高且比较齐全的雨量站 13 个作为代表站参加分析和计算。

为保证代表雨量站点资料系列同步，对在 1956 ~ 2012 年中，部分雨量站点个别缺测月、年份的降水量，分别采用相关法、历年均值替代法进行插补或延长。分析代表雨量站点实测降水量资料的不同长短系列对所求得的平均年降水量的影响，选出具有代表性的降水量系列。从鹤壁市市区、浚县、淇县选出 4 个实测资料齐全的、具有代表性的雨量站，对其长、短不同系列的平均年降水量进行对比分析。

鹤壁市各行政区代表雨量站 1956 ~ 1979 年所求的平均年降水量均比 1956 ~ 2000 年的偏多，一般偏多 5.2% ~ 8.6%；1980 ~ 2000 年与 1956 ~ 2000 年、1956 ~ 1979 年相比，平均年降水量分别偏少 6.0% ~ 10.7%、10.6% ~ 18.4%；1956 ~ 2000 年与 1956 ~ 2012 年相比，降水量偏多 0.3% ~ 2.3%（见表 2-1）。

通过比较分析 1956 ~ 2012 年降水系列与 1956 ~ 2000 年系列

基本一致,选定 1956 ~ 2012 年的降水量资料系列作为具有代表性的降水量系列,来分析平均年降水量是比较合适的。新村水文站从 1952 年开始建站并有实测资料,该站观测降水量、水位、流量、泥沙、蒸发量,资料可靠、系列较长,可以满足长系列分析要求。新村站年降水量历史过程线见图 2-1。

表 2-1　各行政区代表雨量站不同系列平均年降水量对比分析成果

县(区)名称	代表站	不同系列平均年降水量(mm)				$\frac{\overline{P}_{24}-\overline{P}_{45}}{\overline{P}_{45}}$ (%)	$\frac{\overline{P}_{21}-\overline{P}_{45}}{\overline{P}_{45}}$ (%)	$\frac{\overline{P}_{21}-\overline{P}_{24}}{\overline{P}_{24}}$ (%)	$\frac{\overline{P}_{45}-\overline{P}_{57}}{\overline{P}_{57}}$ (%)
		1956 ~ 2000 年	1956 ~ 1979 年	1980 ~ 2000 年	1956 ~ 2012 年				
山城区	鹤壁	658.1	698.4	612.0	643.3	6.1	-7.0	-12.4	2.3
淇滨区	新村	644.0	704.4	575.1	637.7	8.6	-10.7	-18.4	1.0
浚县	淇门	588.8	619.6	553.7	587.3	5.2	-6.0	-10.6	0.3
淇县	朝歌	614.7	652.1	572.1	603.7	6.1	-6.0	-12.3	1.8

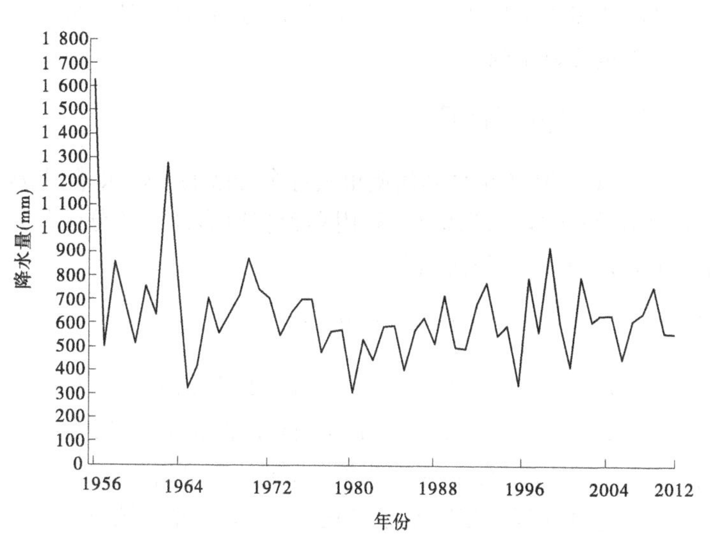

图 2-1　1956 ~ 2012 年新村站降水量过程线

新村雨量站在1952～2012年有历史资料记载的61年里共出现特枯水年份8年,分别是1965年(316.3 mm)、1966年(270.7 mm)、1981年(299.8 mm)、1983年(437.3 mm)、1986年(197.8 mm)、1997年(336.3 mm)、2002年(413.6 mm)和2007年(446.2 mm);出现特丰水年份3年,分别为1955年(1 413.8 mm)、1956年(1 626.9 mm)和1963年(1 282.8 mm)。根据1952～2012年有历史资料记载的61年降水量资料系列,计算出其平均年降水量为653.5 mm,与1956～2000年平均年降水量644.0 mm相比,仅偏多1.5%;而与1956～1979年平均年降水量704.4 mm相比,则偏少7.2%。以上分析表明,选定1956～2012年降水量资料系列具有比较强的代表性(见图2-1)。

根据以上分析结果,结合《全国第二次水资源调查评价》成果,选定1956～2012年的降水量资料系列,分析计算各县(区)及水资源分区的多年平均年降水量是比较合适的,且是具有较强代表性的降水量资料系列。

2.1.2　降水量分区计算

为求1956～2012年系列鹤壁市及各个分区的年降水量,此次计算采用雨量站的长系列资料,利用泰森多边形计算各分区的逐年降水量系列,其计算公式如下:

$$\overline{P_j} = \sum_{i=1}^{n_j} P_{ij} \frac{f_{ij}}{F_j} \tag{2-1}$$

式中:$\overline{P_j}$为第j分区的逐年年降水量,mm;F_j为第j分区的面积,km^2;P_{ij}为第j分区第i雨量站的逐年年降水量,mm;f_{ij}为第j分区第i雨量站代表的面积,km^2;n_j为第j分区的雨量站数。

根据各分区的逐年年降水量系列,计算水资源流域三级区和鹤壁市全市的多年平均年降水量(见表2-2),用同样的方法计算各行政分区的多年平均年降水量(见表2-3)。

从表 2-2 和表 2-3 可知，鹤壁市多年平均(1956～2012 年)年降水量 615.4 mm(合 13.418 2 亿 m^3)。山丘区降水量 649.1 mm，平原区降水量 595.8 mm，市区降水量 631.9 mm，浚县降水量 595.9 mm，淇县降水量 634.5 mm。

表 2-2　流域三级分区 1956～2012 年平均年降水量

流域三级分区		计算面积 (km^2)	年降水量		占全市年降水量的百分比(%)
编号	名称		mm	亿 m^3	
$Ⅲ_{2-8}$	卫河山丘区	784	649.1	5.088 9	37.9
$Ⅳ_{2-7}$	卫河平原区	1 398	595.8	8.329 3	62.1
全市		2 182	615.4	13.418 2	100

表 2-3　行政分区 1956～2012 年平均年降水量

县(市)	计算面积 (km^2)	年降水量		占全市年降水量的百分比(%)
		mm	亿 m^3	
市区	535.7	631.9	3.385 1	25.2
浚县	1 065.3	595.9	6.348 1	47.3
淇县	581.0	634.5	3.686 4	27.5
全市	2 182	615.4	13.418 2	100

2.1.3　不同频率年降水量

将各分区逐年降水量系列进行频率分析计算，其均值采用 1956～2012 年算术平均值、C_v 及 C_s/C_v 值用适线法确定，求得不同保证率的年降水量。各流域分区及行政分区不同保证率降水量见表 2-4 和表 2-5。

表 2-4 流域三级分区不同频率年降水量分析成果

流域三级分区		均值(mm)	C_v	C_s/C_v	不同频率年降水量(mm)			
编号	名称				20%	50%	75%	95%
$Ⅲ_{2-8}$	卫河山丘区	649.1	0.30	2.5	806.4	628.0	510.4	383.0
$Ⅳ_{2-7}$	卫河平原区	595.8	0.29	2.5	732.4	575.2	471.5	350.5
全市		615.4	0.29	2.5	758.4	595.5	488.2	362.9

表 2-5 行政分区不同频率年降水量分析成果

行政分区	均值(mm)	C_v	C_s/C_v	不同频率年降水量(mm)			
				20%	50%	75%	95%
市区	631.9	0.30	2.5	805.8	627.5	510.0	382.7
浚县	595.9	0.29	2.5	732.3	575.1	471.4	350.4
淇县	634.5	0.29	2.5	775.8	609.2	499.4	371.3
全市	615.4	0.29	2.5	758.4	595.5	488.2	362.9

2.1.4 降水量的时空分布

2.1.4.1 降水量的区域分布

根据鹤壁市各雨量站1956～2012年系列的年降水量，利用配线法对各雨量站1956～2012年系列资料分别进行频率分析，确定各雨量站年降水量均值和 C_v 值(见表2-6)。

从降水量等值线图上可以看出，降水量700 mm以上主要分布在淇县的黄洞乡，600～700 mm主要分布在鹤壁老市区及淇县的铁路以西，600 mm以下主要分布在铁路以东的开发区、淇县部分地区及浚县全部。

表 2-6　鹤壁市各雨量站降水量统计参数

序号	站名	均值(mm)	C_v	C_s/C_v	最大/最小	序号	站名	均值(mm)	C_v	C_s/C_v	最大/最小
1	新村	636.8	0.35	2.5	4.3	8	前嘴	715.3	0.32	2.5	5.0
2	淇门	583.5	0.32	2.5	3.1	9	狮豹头	589.0	0.26	2.5	3.7
3	朝歌	603.7	0.29	2.5	4.6	10	小南海	643.8	0.32	2.5	5.6
4	鹤壁	643.3	0.33	2.5	5.2	11	马投涧	576.4	0.35	2.5	4.9
5	盘石头	684.7	0.33	2.5	4.3	12	塔岗	530.2	0.30	2.5	5.5
6	小河子	643.3	0.32	2.5	6.0	13	五陵	593.3	0.32	2.5	4.9
7	道口	573.8	0.32	2.5	6.1						

鹤壁市降水量总体是由西向东减少。年降水量的空间分布存在差异,多年平均最大年降水量为 715.3 mm(位于淇县黄洞乡),最小为 518.3 mm(位于滑县道口镇),其最大值与最小值仅相差 197.0 mm。

2.1.4.2　降水量的年际变化

根据 1956 ~ 2012 年降水量系列计算,鹤壁市多年平均降水量为 615.4 mm;1963 年降水量最大,为1 257.7 mm;1997 年降水量最小,为 276.7 mm,最大降水量是最小降水量的 4.5 倍。市区,1963 年降水量最大,为 1 315.0 mm;1965 年降水量最小,为 299.4 mm,年最大降水量是最小降水量的 4.4 倍。浚县,1963 年降水量最大,为 1 202.8 mm;1997 年降水量最小,为 250.5 mm,年最大降水量是最小降水量的 4.8 倍。淇县,1963 年降水量最大,为 1 305.7 mm;1997 年降水量最小,为 295.8 mm,最大降水量是最小降水量的 4.4 倍。

根据鹤壁市各雨量站 1956 ~ 2012 年降水量系列资料,计算确定年降水量统计参数 C_v 和最大年降水量与最小年降水量的比值(见表 2-6)。用年降水量变差系数 C_v 和最大年降水量与最小年降水量的比值分别分析鹤壁市降水量的年际变化特征。

鹤壁市降水量的年际变化幅度较大。各行政区及水资源分区降水量年际变化较大，C_v 一般为0.26～0.35(见表2-6)。

鹤壁市各县(区)的降水量年际变化幅度较大，年降水量的最大与最小倍比值一般为3.1～6.1。道口站达到最大为6.1。鹤壁市各县(区)最大、最小降水量年份出现时间的同步性比较好，在1956～2012年期间，降水量最大年份主要集中出现在两个特丰水年1956年、1963年；降水量最小年份主要出现在特枯水年1965年、1997年(见表2-7)。

2.1.4.3　降水量的年内分配

根据鹤壁市各雨量站1956～2012年系列逐月实测降水量资料，计算出各雨量站的多年平均月降水量，统计各雨量站多年平均1～5月、6～9月、10～12月降水量(见表2-8)。并对鹤壁市各县(区)代表雨量站1956～2012年系列年降水量资料进行频率计算，分析不同频率典型年的降水量月分配情况，得出多年平均连续最大四个月降水量一般出现在6～9月。由此可知，鹤壁市各县(区)雨季开始时间几乎是同步的，雨季开始的时间一般都是6月。

鹤壁市各县(区)汛期出现的时间基本相同，进入6月各县区降水量均明显增多，且汛期降水量比较集中，各雨量站多年平均连续最大四个月降水量占其多年平均年降水量的比值都大于72%。

鹤壁市的降水量年内分配相差较大，汛期(6～9月)降水量占年降水量72%以上，而枯水期(1～5月、10～12月)降水量仅占年降水量的28%左右(见表2-8)。其中，各雨量站多年平均1～5月降水量为103.4～122.6 mm，占其年降水量的16.7%～18.3%；10～12月降水量为53.9～62.1 mm，占其年降水量的8.4%～9.5%。最大月多年平均降水量占其年降水量的26.7%～30.8%，出现时间是7月；最小月多年平均降水量仅占其年降水量的0.7%～1.1%，出现时间为1月。

表2-7 各行政区代表雨量站不同频率降水量年内分配统计

行政区名称	代表站	不同频率年降水量		典型年	降水量(mm)												
		频率(%)	mm		1月	2月	3月	4月	5月	6月	7月	8月	9月	10月	11月	12月	全年
市区	新村	20	804.4	2003	3.6	16.5	30.3	27.6	29.0	65.4	147.9	168.3	155.5	128.6	16.2	11.2	800.1
		50	603.4	1985	3.2	7.3	7.4	0	103.6	13.9	38.6	179.5	151.4	81.9	3.0	2.9	592.7
		75	474.1	1978	0	12.3	9.1	0	46.9	148.1	108.2	71.2	10.5	48	15.3	2.1	471.7
		95	335.9	1997	0.8	14.0	36.6	16.9	22.2	14.8	45.0	80.5	74.9	3.1	23.6	3.9	336.3
		多年平均			4.4	8.7	20.5	31.9	45.5	77.6	184.4	143.0	60.5	35.0	19.7	5.6	636.8
浚县	淇门	20	729.1	1958	10.3	0	35.2	23.3	46.4	74.4	196.4	204.2	7.5	67	71.5	3.6	739.8
		50	559.2	1972	10.6	6.5	13.9	11.0	27.7	29.2	255.2	63.7	86.8	25.2	27.3	0.4	557.5
		75	447.2	2001	26.5	15.5	3.2	5.9	5.8	124.3	145.2	49.7	24.2	21.8	1.0	15.0	438.1
		95	325.8	1978	0	8.3	12.3	0.8	52.5	38.2	118.2	55.9	19.6	8.3	15.6	2.8	332.5
		多年平均			4.2	7.2	18.8	29.2	44.0	70.6	167.6	124.6	62.6	32.2	17.5	5.0	583.5
淇县	朝歌	20	742.0	1958	10	0	35.0	18.5	80.1	54.2	205.7	192.2	7.6	65	68.8	4.9	742.0
		50	582.7	1985	3.5	6.9	9.2	0	124.6	3.9	90.3	142.3	132.5	69.9	3.2	2.8	589.1
		75	477.6	2001	25.7	17.7	2.7	3.8	0	53.2	285.7	27.5	29.2	25.1	0.4	8.6	479.6
		95	355.1	1965	1.4	23.0	4.7	61.9	7.3	38.6	112.9	21.3	36.5	53.8	12.5	0	373.9
		多年平均			4.1	7.8	17.9	28.6	45.1	69.1	185.7	132.4	58.4	33.0	16.6	5.2	603.9

表 2-8　各县区雨量站枯水期、汛期平均降水量统计

行政区名称	代表站	多年平均降水量(mm)			占年降水量百分比(%)			最大月		最小月	
		1~5月	6~9月	10~12月	1~5月	6~9月	10~12月	%	月份	%	月份
市区	鹤壁	107.3	482.1	53.9	16.7	74.9	8.4	30.3	7	0.8	1
	新村	111.1	465.4	60.3	17.4	73.1	9.5	28.9	7	0.7	1
浚县	淇门	103.4	425.4	54.7	17.7	72.9	9.4	28.7	7	0.7	1
	道口	105.1	414.8	53.9	18.3	72.3	9.4	26.7	7	1.1	1
淇县	前嘴	122.6	530.6	62.1	17.1	74.2	8.7	29.6	7	0.8	1
	朝歌	103.4	445.5	54.8	17.1	73.8	9.1	30.8	7	0.7	1

2.1.4.4　降水量的丰枯变化

研究区域内年降水量的丰枯变化规律，是利用代表性测站降水量系列资料来分析的，一般选用差积曲线法。差积曲线又称距平累积曲线，即将年降水量 P_i 与多年平均降水量 $\overline{P}$ 之差值，逐年依次累加，所得过程线为年降水量差积曲线：

$$\sum_{i=1}^{N}(P_i - \overline{P}) \sim T \tag{2-2}$$

本次选择 3 个有代表性的雨量站系列资料绘制降水量差积曲线，以此分析所代表区域降水量的丰枯变化情况。年降水量差积曲线上升表示偏丰水年，下降表示偏枯水年，曲线坡度反映了降水量的丰枯强度。

鹤壁市境内从 20 世纪 50 年代中后期到 60 年代中后期年降水量总体上比较偏丰，属于大的丰水期，而 70 年代中后期到 20 世纪末年降水量普遍偏枯，属于大的枯水期。在大的丰水期中又存在小枯水期或小平水年，如 1965 年、1966 年为枯水年，1974 年、1975 年基本上为平水年；在大的枯水期中亦存在小丰水期或小平水期，如 1993 年、1994 年、2000 年为丰水年，1982 年、1983 年为平水年。鹤壁市特丰水年份主要有 1956 年、1963 年、2000 年，特枯

水年份主要有 1968 年、1978 年、1997 年(见图 2-2 ~ 图 2-4)。

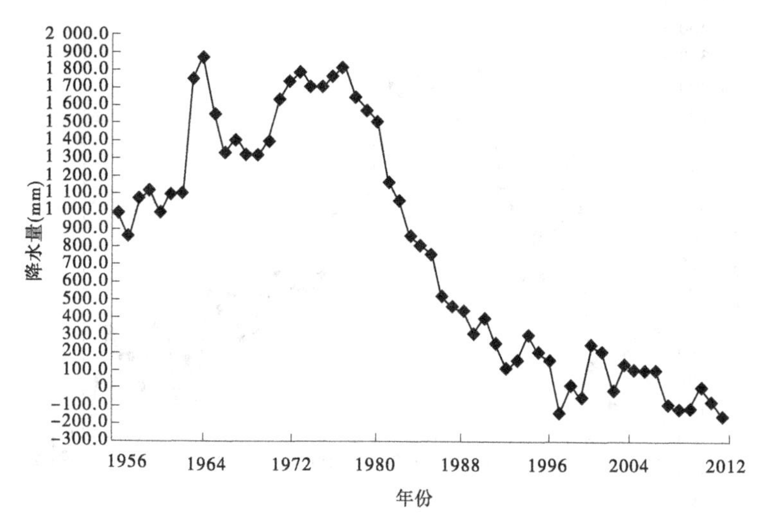

图 2-2　新村站降水量差积曲线

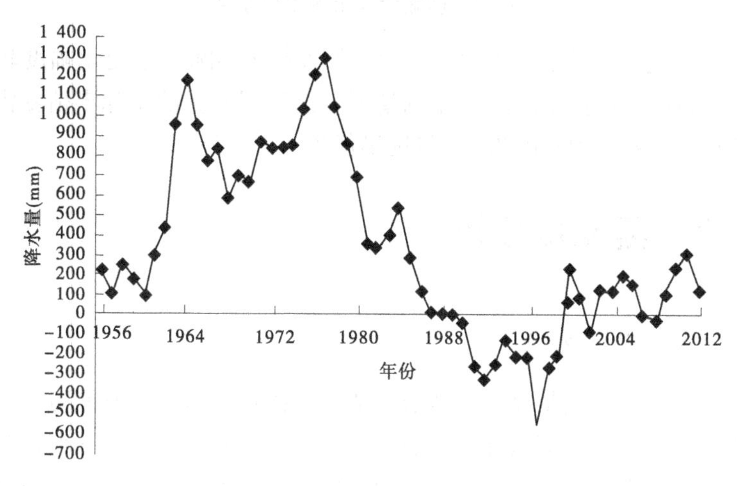

图 2-3　淇门站降水量差积曲线

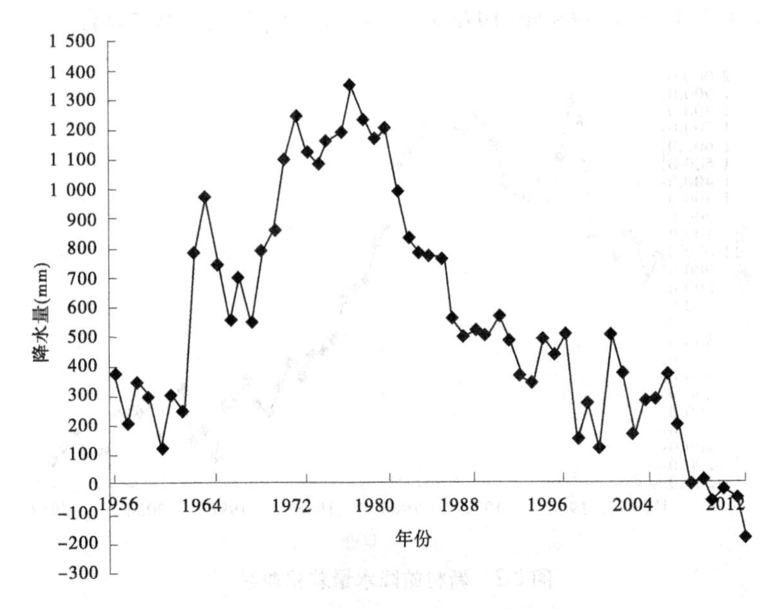

图 2-4　朝歌站降水量差积曲线

通过综合分析表明,鹤壁市年降水量除年际丰枯变化幅度较大外,还存在连续偏丰、偏枯的情况。这种降水量的年际丰枯变化特点,造成了鹤壁市的防汛与抗旱任务十分艰巨。

2.2　蒸发量分析

2.2.1　水面蒸发

水面蒸发量是反映当地蒸发能力的指标。水面蒸发能力与当地降水形成的产流状况,以及地表水资源利用过程中的三水转化所产生的消耗量等密切相关,主要受气压、气温、湿度、风力、辐射等气象因素,以及地形、纬度等自然地理位置的综合影响。水面蒸发量主要是通过蒸发皿观测，再折算成自然水面蒸发量。

2.2.1.1　基础资料

本次收集到新村和淇门两站 1956～2012 年系列的蒸发量观测资料，该观测资料除一般采用 E601 型蒸发器观测外，还采用了 Φ20 cm 和Φ80 cm 等型号的蒸发皿观测。

2.2.1.2　水面蒸发折算系数

用蒸发器观测的水面蒸发量与大水体的实际蒸发量有一定的差别。我国在水资源评价时，一般以 E601 型蒸发器的蒸发量近似代表大水体的蒸发量。因此，必须用折算系数对Φ20 cm 和Φ80 cm 蒸发皿观测值进行折算。

《中国水资源评价》一书分析结果为：Φ20 cm 蒸发皿折算系数分布由南向北逐渐递减，规律性较好，变化范围一般是 0.53～0.80；Φ80 cm 蒸发皿主要在黄河以南地区使用，大部分地区折算系数变化范围是 0.72～1.00。河南省的Φ20 cm 和Φ80 cm 等型号蒸发皿的折算系数一般分别采用 0.62、0.83～0.84，本次计算中的Φ20 cm 和Φ80 cm 等型号蒸发皿的折算系数分别采用 0.62、0.83。

2.2.1.3　鹤壁市及各分区水面蒸发量

鹤壁市东邻华北平原，其气象、地貌等因素相差不大，故取用新村和淇门两站的算术平均值作为全市各行政区及水资源分区的水面蒸发量。

鹤壁市多年平均蒸发量为 1 124.6 mm（见表 2-9），合 24.03 亿m^3，是全市多年平均降水量 13.42 亿 m^3的 1.79 倍，水面蒸发能力较强。

表 2-9 鹤壁市多年平均年水面蒸发量年内分配统计

蒸发站		1月	2月	3月	4月	5月	6月	7月	8月	9月	10月	11月	12月	全年
新村	蒸发量(mm)	37.0	53.1	99.8	144.3	186.7	199.3	138.7	122.9	108.9	89.8	51.1	37.7	1 269.3
	所占比例(%)	2.9	4.2	7.9	11.4	14.7	15.7	10.9	9.7	8.5	7.1	4.0	3.0	100
淇门	蒸发量(mm)	31.3	42.9	81.1	105.4	127.5	154.4	112.2	102.6	84.9	64.2	42.8	29.9	979.2
	所占比例(%)	3.2	4.4	8.3	10.8	13.0	15.7	11.4	10.4	8.7	6.6	4.4	3.1	100
全市	蒸发量(mm)	34.1	48.0	90.4	124.8	157.1	176.8	125.5	112.8	96.9	77.0	47.0	33.8	1 124.6
	所占比例(%)	3.0	4.3	8.0	11.1	14.0	15.7	11.2	10.0	8.6	6.8	4.3	3.0	100

2.2.2 蒸发量分布分析

2.2.2.1 水面蒸发的空间分布

鹤壁市年蒸发量的地区分布规律与年降水量基本一致，即年水面蒸发量的区域变化规律总体上是由西部的山区和丘陵向东部平原呈逐渐递增的趋势，降水量也是如此。根据新村、淇门两站的水面蒸发量系列资料统计分析结果，不同季节水面蒸发量的变化趋势基本一致，具有较好的同步性（见图 2-5）。

2.2.2.2 水面蒸发的年内分配

根据鹤壁市各蒸发量观测站 1956～2012 年系列逐月实测蒸发量资料，计算出各蒸发站的多年平均月蒸发量，并计算出鹤壁市多年平均月水面蒸发量。

鹤壁市的水面蒸发量年内分配相差较大。最大 4 个月多年平

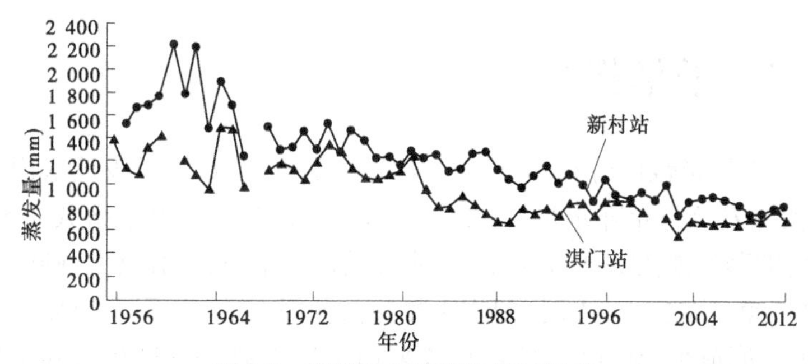

图 2-5 蒸发站水面蒸发量过程线

均月水面蒸发量为 584.3 mm(4～7 月),占全年的 52.0% 以上;1～3 月为 172.5 mm,占全年的 15.4%;8～12 月为 367.5 mm,占全年的 32.6%。其中,最大多年平均月水面蒸发量为 176.8 mm,占全年的 15.7%,出现在 6 月;占年水面蒸发量大于 10.0% 的月有 5 个,即 4～8 月,这 5 个月的水面蒸发量为 697.1 mm,占全年的 62.0%。最小多年平均月水面蒸发量为 33.8 mm,占全年的 3.0%,出现在 12 月。

2.2.2.3 水面蒸发的多年变化

水面蒸发的多年变化与影响其变化的气候等各种因素有关,它相对于年径流量、年降水量的多年变化而言,多年变化相对较小些,最大水面蒸发量与最小水面蒸发量之比一般为 2.5～3.0(见表 2-10)。

表 2-10 鹤壁市多年平均水面蒸发量分析成果 (单位:mm)

蒸发站及全市	资料系列	多年平均蒸发量	最大年蒸发量		最小年蒸发量		最大与最小的比值
			蒸发量	年份	蒸发量	年份	
新村站	1956～2012 年	1 269.3	2 235.4	1961	746.4	2003	2.99
淇门站	1956～2012 年	979.2	1 501.1	1965	557.6	2003	2.69
全市	1956～2012 年	1 124.3	1 705.7	1965	652.0	2003	2.62

2.3　干旱指数

干旱指数(r)是反映气候干湿程度的指标,等于该地水面蒸发量(E_0)与年降水量(P)之比。$r = E_0/P$ 。当干旱指数 $r > 1$ 时,即蒸发能力大于降水量,说明气候偏于干旱,r 值愈大,则气候愈干燥;反之,$r < 1$ 时,即降水量超过蒸发能力,说明气候偏于湿润,r 值愈小,则气候愈湿润,故采用干旱指数(r)进行气候干旱程度分级(见表 2-11)。

表 2-11　气候干旱程度分级

气候分带	十分湿润	湿润	半湿润	半干旱	干旱
干旱指数(r)	<0.5	0.5 ~ 1.0	1.0 ~ 3.0	3.0 ~ 7.0	>7.0

2.3.1　分区干旱指数

根据鹤壁市各县(区)及水资源分区的水面蒸发量(E_0)和降水量(P)分析结果,计算其干旱指数。鹤壁市地形、气候等因素差别不大,故各县(区)及水资源分区的多年平均年水面蒸发量采用全市的多年平均年水面蒸发量。

鹤壁市多年平均干旱指数 $r = 1.83$,根据气候干湿程度分级表(见表 2-11)标准,鹤壁市属于半湿润气候区。全市各县区的多年平均干旱指数 r 在 1.77 ~ 1.89,且其具有一定的地带性分布规律,总体上是从东向西呈递减趋势(见表 2-12)。

表 2-12　各县区及水资源分区多年平均干旱指数计算成果(1956～2012 年)

分区	名称	多年平均年水面蒸发量(mm)	多年平均年降水量(mm)	干旱指数 r
行政分区	市区	1 124.3	631.9	1.78
	浚县	1 124.3	595.9	1.89
	淇县	1 124.3	634.5	1.77
海河流域	卫河山丘区	1 124.3	649.1	1.73
	卫河平原区	1 124.3	595.8	1.89
全市		1 124.3	615.4	1.83

2.3.2　干旱指数多年变化

干旱指数的多年变化采用最大年与最小年干旱指数的比值来表征。鹤壁市各县区及水资源分区的最大与最小干旱指数的比值相差不大。从行政分区看,市区最大与最小干旱指数的倍比最大,为 6.68;浚县最大与最小干旱指数的倍比最小,为 5.80。从流域分区看,卫河山丘区最大与最小干旱指数的倍比较大,为 6.67;卫河平原区最大与最小干旱指数的倍比较小,为 5.80(见表 2-13)。

全市最干旱年份为 1965 年,平均干旱指数为 5.22,表现为半干旱气候特征;最湿润年份为 2003 年,平均干旱指数为 0.85,表现为湿润气候特征。各县区及水资源分区出现最干旱、最湿润的年份与全市一致,具有较好的同步性(见图 2-6～图 2-9)。

表 2-13　各县区及水资源分区平均干旱指数最大与最小倍比统计(1956～2012 年)

分区	名称	最大年干旱指数		最小年干旱指数		最大与最小的倍比值
		r	年份	r	年份	
行政分区	市区	5.81	1965	0.87	2003	6.68
	浚县	4.93	1965	0.85	2003	5.80
	淇县	5.39	1965	0.86	2003	6.26
海河流域	卫河山丘区	5.80	1965	0.87	2003	6.67
	卫河平原区	4.93	1965	0.85	2003	5.80
全市		5.22	1965	0.85	2003	6.14

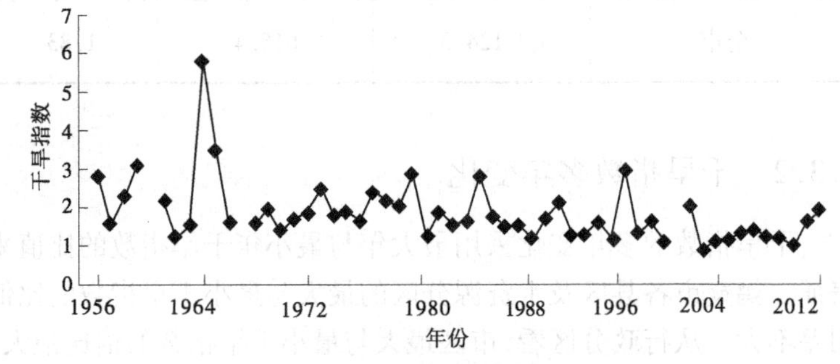

图 2-6　市区干旱指数图

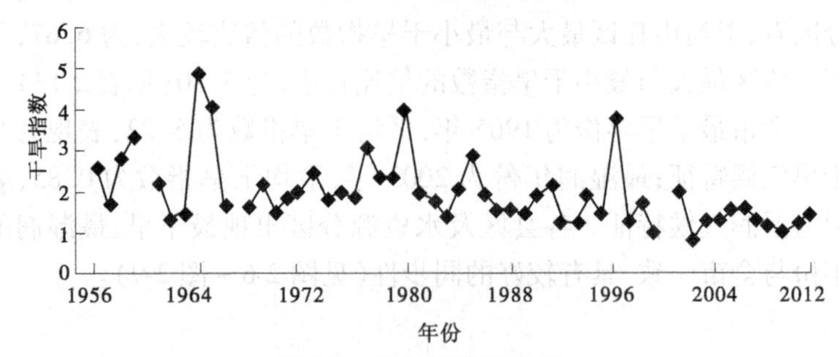

图 2-7　浚县干旱指数图

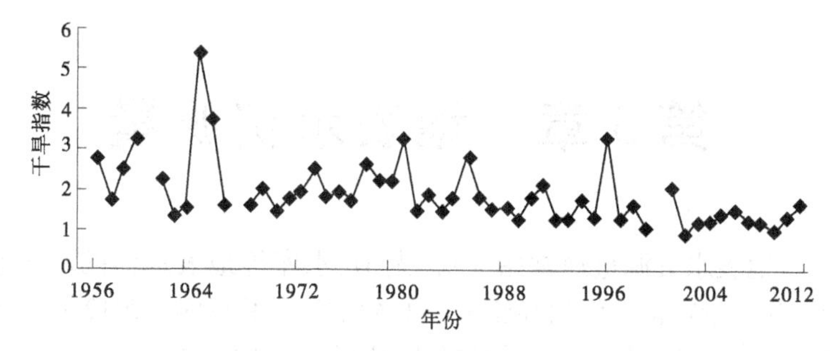

图 2-8　淇县干旱指数图

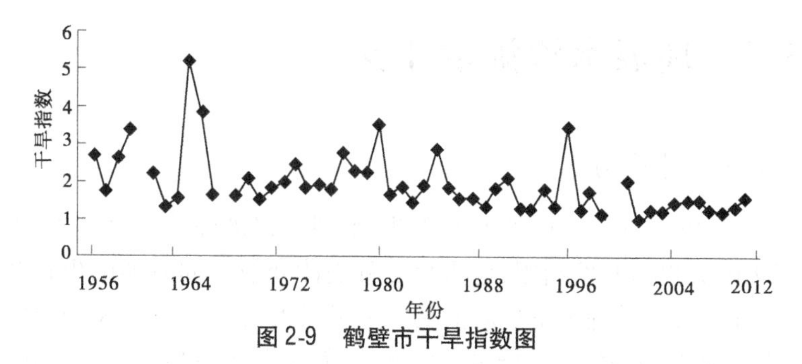

图 2-9　鹤壁市干旱指数图

第3章　地表水资源量

地表水资源量通常指河流、湖泊、水库等地表水体的动态水量,其定量特征为河川径流量。本次计算采用1956～2012年资料系列,分别按流域分区和行政分区计算地表水资源量。

3.1　地表水资源量计算

3.1.1　计算方法

近20年来大规模的人类活动、水利工程措施的大量实施、地下水的大规模开发利用、地表植被种类改变及不同时期的生长状态等因素,使鹤壁市下垫面情况发生了很大变化。平原区"四水"(大气降水、地表水、土壤水和地下水)转化关系发生了明显变化。造成平原区产流规律十分复杂,容易出现年降水量相同的两个不同年份的年径流量可能相差悬殊的情况,故对各流域的年径流量的还原计算,分别采用以下两种方法进行。

3.1.1.1　水量平衡法

对于区间流域,采用此法进行年径流量还原计算。计算方法是,依据上下游站实测月径流量和流域进出水量及河道渗漏量等资料,进行水量平衡计算,求得各月的径流量,并将各月径流量相加,即得区间的年径流量。若径流量负值较大,则不能简单作为零处理,而是要从分析引用水、水库、河道等调蓄过程的合理性出发,作调整计算。

3.1.1.2　分项调查法

对于平原区受人类活动影响较大的流域,年径流量采用此法进行还原计算。调查还原水量包括流域内的工农业用水、河道和渠道蓄水、跨流域引水等。此外,还需对流域内田面、洼地积涝面积上的涝水量进行还原。计算各项还原水量与流域出口断面实测水量的代数和,即得流域的年径流量。

3.1.2　计算公式

天然年径流量由于受人类活动影响,改变了原来的时空分布规律,河道水文测站断面实测资料往往不能反映流域内的天然径流情况。因此,对测站断面的实测径流资料进行还原计算,还原项目包括农业灌溉用水量、工业用水量、城镇生活用水量、跨流域引水量、大中型水库及闸坝蓄变量、蒸发损失量及渗漏量等,经还原计算后的年径流资料能比较真实地反映天然径流情况,保证资料系列具有一致性。

测站断面天然径流还原计算公式:

$$
\begin{aligned}
W_{天然} &= W_{实测} + W_{还原} \\
&= W_{实测} + W_{灌溉} + W_{工业} + W_{生活} + W_{环境} \pm \\
&\quad W_{闸坝蓄} + W_{闸坝蒸} \pm W_{引水} \pm W_{分洪} + W_{闸坝渗}
\end{aligned}
$$

式中:$W_{天然}$ 为还原后的天然径流量;$W_{还原}$ 为还原水量;$W_{实测}$ 为水文监测断面实测径流量;$W_{灌溉}$ 为农业灌溉耗水量;$W_{工业}$ 为工业耗水量;$W_{生活}$ 为城镇生活耗水量;$W_{环境}$ 为河道外生态环境耗水量;$\pm W_{闸坝蓄}$ 为计算时段内库闸坝等蓄水变量;$W_{闸坝蒸}$ 为库闸坝等水面变量和相应的陆面蒸发量的差值;$\pm W_{引水}$ 为跨流域引水量(引出为正、引入为负);$\pm W_{分洪}$ 为河道分洪(决口)水量(分出为正、分入为负);$W_{闸坝渗}$ 为库闸坝等渗漏水量。

3.1.3　单站天然地表径流量

调查收集到卫河的元村集站、淇门站与汲县站,共产主义渠的刘庄站、黄土岗站，淇河的新村站，安阳河的安阳站 1956 ~ 2012 年各项相关基础资料，对其进行统计分析，并根据上述计算方法及公式，分别计算出新村站逐年天然地表径流量，以及淇门、安阳、元村区间，汲县、新村、淇门区间的天然径流量。

根据新村站及淇门、安阳、元村区间，汲县、新村、淇门区间 1956 ~ 2012 年资料系列的逐年天然地表径流量，统计计算出新村站多年平均天然地表径流量（见表 3-1、图 3-1）。

表 3-1　新村站多年平均实测径流量、天然径流量及径流深统计（1956 ~ 2012 年）

河名	站名	多年平均实测径流量（亿 m^3）	多年平均天然径流量（亿 m^3）	多年平均天然径流深（mm）
淇河	新村	3.211 3	4.055 6	191.5
卫河	淇门	11.336 7		
共产主义渠	刘庄	1.859 4		

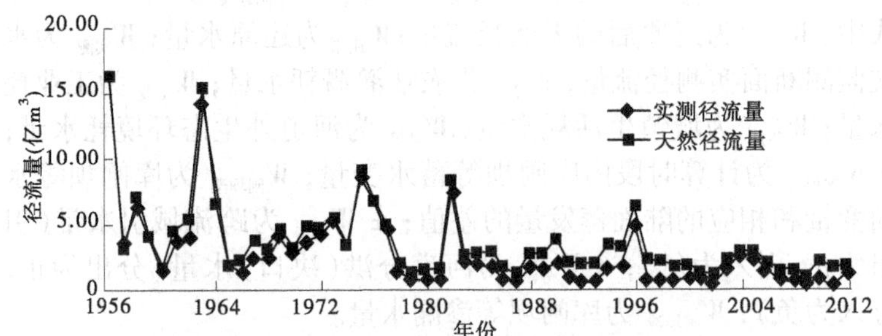

图 3-1　新村站实测及天然年径流量对比

3.2　分区地表水资源量

根据已算出的单站或区间天然径流量，参照各分区年降水量及面积，利用水文比拟法求出各分区地表水资源量。

鹤壁市当地多年平均地表水资源量为 2.178 1 亿 m^3。水资源分区计算结果显示，市区、浚县、淇县多年平均地表水资源量分别为 0.875 5 亿 m^3、0.553 0 亿 m^3、0.749 6 亿 m^3（见表 3-2）。

表 3-2　鹤壁市各分区多年平均地表水资源量统计（1956～2012 年）

分区	名称	面积（km^2）	多年平均年降水量（mm）	多年平均地表水资源量		天然地表径流产水系数
				径流深（mm）	水量（亿 m^3）	
行政分区	市区	535.7	631.9	163.0	0.875 5	0.26
	浚县	1 065.3	595.9	52.0	0.553 0	0.09
	淇县	581.0	634.5	129.0	0.749 6	0.20
海河流域	卫河山丘区	784	649.1	185.3	0.725 7	0.29
	卫河平原区	1 398	595.8	52.0	1.452 4	0.09
全市		2 182	615.4	99.8	2.178 1	0.16

通过对鹤壁市 1956～2012 年系列的地表水资源量进行频率计算可知，鹤壁市偏丰水年（$P=20\%$）地表水资源量为 3.572 1 亿 m^3，平水年（$P=50\%$）为 1.937 0 亿 m^3，偏枯水年（$P=75\%$）为 1.155 0亿 m^3，枯水年（$P=95\%$）为 0.621 8 亿 m^3（见表 3-3）。

表 3-3　鹤壁市各分区不同频率年地表水资源量分析成果(1956～2012 年)

分区	名称	均值(亿 m^3)	C_v	C_s/C_v	不同频率年地表水资源量(亿 m^3)			
					20%	50%	75%	95%
行政分区	市区	0.875 5	0.64	2.5	1.214 2	0.710 6	0.450 7	0.250 4
	浚县	0.553 0	0.95	2.5	1.188 1	0.524 1	0.277 9	0.173 5
	淇县	0.749 6	0.68	2.5	1.163 8	0.655 8	0.410 0	0.224 3
海河流域	卫河山丘区	0.725 7	0.64	2.5	2.126 4	1.244 5	0.789 4	0.438 5
	卫河平原区	1.452 4	0.95	2.5	1.441 9	0.636 1	0.337 3	0.210 6
全市		2.178 1	0.95	2.5	3.572 1	1.937 0	1.155 0	0.621 8

3.3　地表水资源量时空分布特征

3.3.1　地表水资源量地区分布

鹤壁市多年平均地表水资源量为 2.178 1 亿 m^3,折算成径流深为 99.8 mm,产水系数为 0.16。其多年平均天然地表径流深区域分布总体上是由西向东呈逐渐递减的趋势。年天然地表径流深的空间分布差异较大,大致以京广铁路为界,京广铁路以西为 188.9 mm,以东为 52.0 mm。各行政分区多年平均最大年地表径流深分别为市区 163.0 mm、浚县 52.0 mm、淇县 129.0 mm(见表 3-2)。

3.3.2　地表水资源量年际变化

鹤壁市各县(区)及水资源分区的地表水资源量年际变化幅度较大,地表水资源量最大与最小倍比值达9~38。其中,浚县地表水资源量最大与最小倍比值最大,达到37.2;市区最小,为9.77(见表3-4)。

表3-4　鹤壁市各分区多年平均地表水资源量及最大、最小倍比统计成果

分区	名称	均值(亿 m³)(1956~2010年)	最大年地表水资源量		最小年地表水资源量		最大最小倍比
			亿 m³	年份	亿 m³	年份	
行政分区	市区	0.875 5	2.917 0	1956	0.298 5	2002	9.77
	浚县	0.553 0	4.439 6	1963	0.119 3	1997	37.2
	淇县	0.749 6	3.074 6	1963	0.255 9	2002	12.0
海河流域	卫河山丘区	0.725 7	5.108 6	1956	0.522 82	2002	9.77
	卫河平原区	1.452 4	3.937 5	1956	0.144 86	1997	27.2
全市		2.178 1	9.046 1	1963	0.702 9	2002	14.7

鹤壁市各县区最大、最小地表水资源量出现时间的同步性比较好,在1956~2012年期间,地表水资源量最大年份主要集中出现在两个特丰水年1956年、1963年;地表水资源量最小年份主要出现在特枯水年1997年、2002年。这说明鹤壁市各县(区)地表水资源量年际变化具有较好的同步性。

3.3.3 地表水资源量年内分配

通过对淇河新站与汲县新村淇门区间、淇门安阳元村区间1956~2012年系列天然地表径流量进行频率计算,分析不同频率典型年的年天然地表径流量月分配情况,得出多年平均连续最大4个月天然地表径流量均出现在6~9月。与降水量的年内分配情况对比分析可知,鹤壁市地表水资源量的年内分配与降水量的年内分配情况是一致的。

鹤壁市的地表水资源量年内分配相差较大,汛期(6~9月)占全年的54.5%左右,1~5月占全年的23.1%左右,10~12月占全年的22.4%。其中最大月多年平均天然地表径流量占全年的13.4%左右,出现时间是8月;最小月仅占全年的4.0%,出现时间为2月(见表3-5、表3-6)。

表3-5 鹤壁市主要河道控制站多年平均枯水期、汛期天然径流量统计

河道控制站名	多年平均天然径流量(亿 m³)			占年径流量百分比(%)			最大月		最小月	
	1~5月	6~9月	10~12月	1~5月	6~9月	10~12月	%	月份	%	月份
新村	0.933 3	2.211 0	0.911 3	23.1	54.5	22.4	13.4	8	4.0	2

表 3-6　鹤壁市主要河道控制站不同频率天然地表径流量年内分配统计

行政区名称	代表站	不同频率年降水量		典型年	地表径流量(万 m³)					
		频率	(万 m³)		1月	2月	3月	4月	5月	6月
市区	新村	20%	59 764	1973	949.3	519.6	859.3	1 878.5	1 978.5	3 307.4
		50%	32 153	1967	839.0	669.2	2 197.3	2 137.4	2 177.3	1 138.6
		75%	18 948	2001	1 936	1 503	1 509	526	969	402
		95%	9 944	2002	1 136.6	965.8	1 249.1	800.3	1 825.9	1 244.8
		多年平均		—	1 931	1 647	1 823	1 973	1 960	2 133

行政区名称	代表站	不同频率年降水量		典型年	地表径流量(万 m³)						
		频率	(万 m³)		7月	8月	9月	10月	11月	12月	全年
市区	新村	20%	59 764	1973	11 541.0	9 202.8	6 375.0	8 343.5	3 936.9	2 548.0	51 439.8
		50%	32 153	1967	1 937.6	5 792.8	4 714.2	3 695.4	4 654.2	2 367.1	32 320.1
		75%	18 948	2001	1 884.0	3 333.0	2 416.0	2 031.0	1 371.0	1 087.0	18 967.0
		95%	9 944	2002	1 401.6	1 327.1	998.9	963.7	899.2	554.8	13 367.8
		多年平均		—	5 450	10 115	4 412	3 769	2 982	2 361	40 556

第 4 章　地下水资源量

地下水资源主要是指与大气降水、地表水体有直接补给或排泄关系的动态地下水量，即参与现代水循环且可以不断更新的地下水量。以长期的地下水动态观测资料为基础，按不同水文地质单元等计算有关水文地质参数，分析“四水”转化关系和动态变化规律，分析和计算地下水补给量、资源量、可利用量等。

地下水资源量包括浅层地下水资源量和深层地下水资源量。

4.1　平原区地下水资源量计算

4.1.1　降水入渗补给量

降水入渗补给量 $Q_{降水}$ 不仅与降水量的大小有关，而且取决于降水入渗补给系数 α。在此次计算中，降水入渗补给系数 α 值，亚黏土采用0.16，亚黏土与亚黏土互层采用0.18，黏土采用0.12，降水入渗补给系数经验值见表4-1。鹤壁市岩性分布主要有亚黏土、粉细砂（见图4-1），与鹤壁市水资源公报计算值基本一致。因道路、城镇建设，平原区降水入渗计算面积扣除5%。降水入渗补给量见表4-2。

表4-1　多年平均降水入渗补给系数经验值

多年平均降水量(mm)	岩性				
	黏土	亚黏土	亚砂土	粉细砂	砂卵砾石
200	0.03~0.05	0.04~0.10	0.07~0.13	0.10~0.17	0.15~0.21
400	0.05~0.11	0.08~0.15	0.12~0.20	0.15~0.23	0.22~0.30
600	0.08~0.14	0.11~0.20	0.15~0.24	0.20~0.29	0.26~0.36
800	0.09~0.15	0.13~0.23	0.17~0.26	0.22~0.31	0.28~0.38
1 000	0.08~0.15	0.14~0.23	0.18~0.26	0.22~0.31	0.28~0.38
1 200	0.07~0.14	0.13~0.21	0.17~0.25	0.21~0.29	0.27~0.37

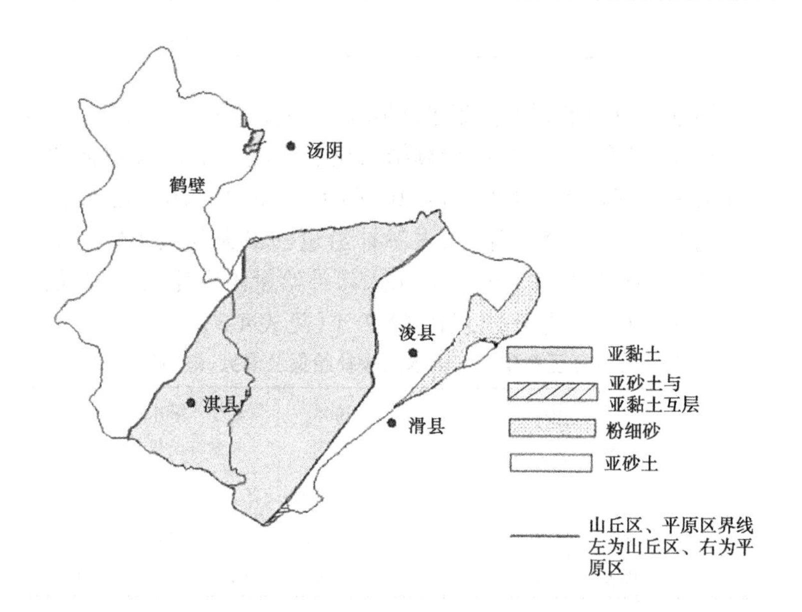

图4-1　鹤壁市平原区0~4 m土壤岩性分区图

表 4-2　降水入渗补给量

评价分区	包气带岩性	行政分区	降水入渗系数	降水量（mm）	计算面积（km^2）	降水入渗补给量（亿 m^3）
卫河平原区	亚黏土	市区	0.16	631.9	83	0.084 2
		浚县	0.16	595.9	608	0.580 0
		淇县	0.16	634.5	233	0.236 3
	亚砂土与亚黏土互层	浚县	0.18	595.9	3	0.003 1
	粉细砂	浚县	0.20	595.9	80	0.095 1
	黏土	浚县	0.12	595.9	321	0.229 6
合计					1 328	1.228 3

鹤壁市卫河平原区多年平均降水入渗补给量为1.228 3 亿 m^3（1956～2012 年）。行政区计算结果显示，市区、浚县、淇县降水入渗补给量分别是0.084 2 亿 m^3、0.907 8 亿 m^3、0.236 3 亿 m^3。

鹤壁市各县（区）年降水入渗补给量的最大与最小倍比值在4.80 左右，县区最大、最小年降水入渗补给量出现比较一致，最大都出现在 1963 年，最小出现在 1997 年（见表 4-3）。

表 4-3　鹤壁市各分区多年平均降水入渗补给量及最大、最小倍比统计成果

分区	名称	均值（亿 m^3）（1956～2012 年）	最大年降水入渗补给量		最小年降水入渗补给量		最大、最小倍比
			（亿 m^3）	年份	（亿 m^3）	年份	
行政分区	浚县	0.907 8	4.362 4	1963	0.908 6	1997	4.80
	淇县	0.236 3	0.516 7	1963	0.107 6	1997	4.80
海河流域	卫河平原区	1.228 3	4.879 1	1963	1.016 2	1997	4.80

4.1.2　河道渗漏补给量

卫河平原区主要有淇河、卫河、共产主义渠三条河流。由于地表水资源量减少及上游水库的拦蓄，河道水量减少，淇河两岸地下水埋深在3.77～6.30 m，卫河沿岸地下水埋深在5.79～13.53 m，沿途河道水位高于两岸地下水位，由原来的地下水补给河道，转变为河道补给地下水。三条河道渗漏补给是域内地下水的重要补给来源。本次主要分析淇河新村—刘庄段，共产主义渠刘庄—入卫河段，卫河淇门—五陵段。

4.1.2.1　典型时段分析法

分析卫河及共产主义渠沿河侧渗。卫河上游由淇门＋刘庄水文站控制，出鹤壁由五陵水文站控制，五陵—(淇门＋刘庄)的减少量作为渗漏量。主要分析了1991年三个时段，3月6～10日普降大雪30 mm，沿河无提水，日平均渗漏量8.81 m^3/s；8月6～10日，无降水洪峰过后退水段，日平均渗漏量2.01 m^3/s；9月1～10日，普降雨40 mm，沿河无提水，日平均渗漏量4.35 m^3/s(见表4-4～表4-6)；2000～2012年卫河平均有水356 d，渗漏量分别为2.078 9亿 m^3、0.618 2亿 m^3、1.337 9亿 m^3。

表4-4　1991年3月6～10日(普降大雪30 mm)卫河＋共产主义渠河道渗漏量

(单位：m^3/s)

日期	淇门	刘庄	淇门＋刘庄	五陵	渗漏量
6	18.1	0	18.1	9.56	－8.54
7	21.3	0	21.3	11	－10.3
8	26.2	0	26.2	14.7	－11.5
9	26	0	26	17.9	－8.1
10	24.7	0	24.7	19.1	－5.6
平均	23.26	0	23.26	14.45	－8.81

表4-5　8月6～10日(无降水洪峰过后退水段)卫河+共产主义渠河道渗漏量

(单位:m^3/s)

日期	淇门	刘庄	淇门+刘庄	五陵	渗漏量
6	19.1	0	19.1	17.1	-2
7	18.6	0	18.6	14.8	-3.8
8	12.7	0	12.7	13	0.3
9	8.76	0	8.76	8	-0.76
10	8.36	0	8.36	4.56	-3.8
平均	13.50	0	13.50	11.49	-2.01

表4-6　9月1～10日(普降雨40 mm)卫河+共产主义河道渗漏量

(单位:m^3/s)

日期	淇门	刘庄	淇门+刘庄	五陵	渗漏量
1	28.7	0	28.7	26.3	-2.4
2	30.3	0	30.3	25.3	-5
3	33.7	0	33.7	28	-5.7
4	35.4	0	35.4	28.9	-6.5
5	40.3	0	40.3	33	-7.3
6	42.8	0	42.8	37.1	-5.7
7	35	0	35	33.8	-1.2
8	31.6	0	31.6	28.1	-3.5
9	35.8	0	35.8	30.1	-5.7
10	32.6	0	32.6	32.1	-0.5
平均	34.62	0	34.62	30.27	-4.35

4.1.2.2　水文分析法

分析卫河+共产主义渠沿河侧渗,计算公式为

$$Q_{河补} = (Q_{上} - Q_{下} + Q_{区入} - Q_{区出})(1 - \lambda)L/L'$$

式中：$Q_{河补}$为河道渗漏量，万 m^3；$Q_上$、$Q_下$分别为河道上、下断面实测水量，万 m^3；$Q_{区入}$为上下游水文断面区间汇入该河段的水量，万 m^3；$Q_{区出}$为上下游水文断面区间汇出该河段的水量，万 m^3；λ 为修正系数；L 为计算河段的长度，m；L'为上下两水文断面间的长度，m。

用 2000～2012 年五陵—(淇门＋刘庄)站实测资料分析计算年渗漏量为 2 386 万 m^3。

4.1.2.3　达西公式法

$$Q_{河渗} = kihbt \times 10^{-4} \tag{4-1}$$

式中：i 为河水和地下水的水力坡度，卫河河段、淇河河段、共产主义渠段水力坡度；h 为含水层厚度，m；k 为渗透系数(见表 4-7)；t 为计算时间；b 为计算河段长，km。

分析淇河新村—刘庄段，沿河渗漏量为 0.361 5 亿 m^3，共产主义渠刘庄—入卫河段沿河渗漏量 0.030 9 亿 m^3，卫河淇门—五陵段沿河渗漏量 0.226 0 亿 m^3(见表 4-8)。浚县沿河渗漏量0.437 7 亿 m^3，淇县沿河渗漏量 0.180 7 亿 m^3。

表 4-7　各岩性渗透系数 k 值成果　(单位：m/d)

岩性	砂砾石	含砾中细砂	中细砂	细砂	亚砂土	亚黏土	黏土
k 值	50～80	15～25	8～15	5～10	0.25～0.5	0.1～0.25	<0.1

表 4-8　卫河共产主义渠沿河侧渗量　(单位：亿 m^3)

河段	k	i	h	b	t	沿河侧渗量
淇河新村—刘庄	50	0.002 5	30	27 000	357	0.361 5
共产主义渠刘庄—入卫河	15	0.002	30	44 000	78	0.030 9
卫河淇门—五陵	15	0.002	30	73 000	344	0.226 0
合计						0.618 4

采用典型时段法及水文分析法计算卫河，卫河沿河侧渗量偏大，用水文分析法计算卫河沿河侧渗量又偏小，本书采用达西公式法计算成果。

4.1.3　灌溉渠系及田间入渗补给量

鹤壁市卫河平原区，大中型灌区有浚县的天赉渠，淇县的夺丰水库、民主渠，沿淇河和卫河的提灌站。此次入渗补给量采用2000～2012年各灌区的平均灌溉水量。灌溉田面入渗补给量$Q_{灌溉}$是指利用引水和沿河提灌等地表水体灌溉田面入渗补给量，其计算公式是

$$Q_{灌溉} = W_{地表水灌溉}[(\eta \times \beta_{田}) + \gamma(1 - \eta)] \tag{4-2}$$

式中：$Q_{灌溉}$为灌溉田面入渗补给量，万m^3；$W_{地表水灌溉}$为利用地表水灌溉水量，万m^3；η为利用系数（天赉渠取0.50、其他取0.435）；γ为渠道渗漏系数（取0.35）；$\beta_{田}$为田面灌溉入渗系数（天赉渠取0.15、其他取0.12）。

经计算，浚县入渗补给量0.156 7亿m^3，淇县入渗补给量0.091 2亿m^3，鹤壁市入渗补给量0.247 9亿m^3。

4.1.4　侧向流入量

平原区的山前侧向流入量一般采用达西公式计算。采用该公式计算需要取得含水层厚度、渗透系数、地下水流向、水力坡度等资料。由于此次计算资料所限，采用河南省水资源研究成果，山前侧向流入量为0.300 1亿m^3。

4.1.5　井灌回归量

鹤壁市卫河平原区2000～2012年农业开采量为2.475 7亿m^3，井灌回归系数取0.15。经计算，均衡期多年平均井灌回归量为0.371 4亿m^3（见表4-9）。

表 4-9　平原区井灌回归量计算表

评价分区	农业开采量(亿 m^3)	井灌回归系数	井灌回归量(亿 m^3)
市区	0.024 5	0.15	0.003 7
浚县	2.171 2	0.15	0.325 7
淇县	0.280 0	0.15	0.042 0
卫河平原区	2.475 7	0.15	0.371 4

4.1.6　平原区浅层地下水开采量

平原区 2000～2012 年平均浅层地下水开采量为 3.032 8 亿 m^3(见表 4-10)。

表 4-10　鹤壁市平原区地下水开采量　(单位:亿 m^3)

评价分区	农业开采量	工业开采量	林牧渔开采量	生活开采量	合计
市区	0.024 5	0.019 8	0.007 3	0.009 4	0.061 0
浚县	2.171 2	0.137 4	0.112 4	0.105 2	2.526 2
淇县	0.280 0	0.122 1	0.019 8	0.023 7	0.445 6
合计	2.475 7	0.279 3	0.139 5	0.138 3	3.032 8

4.1.7　地下水储变量

地下水储变量的计算公式为

$$Q_{储变} = 100F\mu\Delta H \tag{4-3}$$

式中:F 为计算面积,km^2;μ 为变幅带给水度;ΔH 为水位变差,m。

地下水位变差根据水位动态资料绘制地下水位变差图求取,均衡区 2000～2012 年平均地下水水位变差为 -0.04～-2.19 m,地下水位平均下降速率为 0.17 m/年。变幅带岩性以砂卵砾石、粉细砂为主,给水度分别取 0.060,均衡区给水度见表 4-11～表 4-13。

表 4-11　土壤给水度经验值

岩性	给水度	岩性	给水度
黏土	0.02 ~ 0.035	粉细砂	0.07 ~ 0.10
亚黏土	0.03 ~ 0.045	细砂	0.08 ~ 0.11
亚砂土	0.035 ~ 0.06	中细砂	0.085 ~ 0.12
黄土	0.025 ~ 0.05	中砂	0.09 ~ 0.13
黄土状亚黏土	0.02 ~ 0.05	中粗砂	0.10 ~ 0.15
黄土状亚砂土	0.03 ~ 0.06	粗砂	0.11 ~ 0.15
粉砂	0.03 ~ 0.08	砂卵砾石	0.13 ~ 0.20

表 4-12　给水度 μ 值成果

岩性	粉细砂	亚砂土	亚砂土、亚黏土互层	亚黏土
给水度	0.060	0.045	0.040	0.035

表 4-13　均衡区年平均地下水储变量

计算区	亚黏土	亚砂土、亚黏土互层	粉细砂	黏土	合计
年均水位变差(m)	-0.17	-0.17	-0.17	-0.17	
给水度	0.045	0.04	0.08	0.03	
计算面积(km^2)	973	3	84	338	1 398
储变量(亿 m^3)	-0.074 4	-0.000 2	-0.011 4	-0.017 2	-0.103 3

4.1.8　均衡计算

均衡区(卫河平原区)2000～2012 年平均地下水总补给量为 2.862 1 亿 m^3,地下水总排泄量为 3.029 7 亿 m^3,补排差为 -0.167 6亿 m^3,地下水储变量为 -0.103 2亿 m^3,均衡误差为 -0.064 4亿 m^3,均衡误差较小为 2.25%,能满足《供水水文地质勘察规范》(GB 50027—2002)对地下水精度的要求(均衡误差小于 10%),均衡计算结果可作为地下水评价的依据(见表 4-14)。

表 4-14　鹤壁市平原区地下水均衡计算成果

均衡项		均衡量(亿 m^3)
补给量	降水入渗补给量	1.228 3
	渠系入渗补给量	0.247 9
	河道渗漏补给量	0.714 4
	侧向流入量	0.300 1
	井灌回归量	0.371 4
	合计	2.862 1
排泄量	浅层地下水开采量	3.029 7
	合计	3.029 7
补排差		-0.167 6
储变量		-0.103 2
均衡误差		-0.064 4
均衡误差(%)		-2.25

4.1.9　卫河平原区地下水资源量

平原区浅层地下水资源量是以地下水总补给量减去井灌回归

量作为地下水资源量。鹤壁市全境属华北平原,即鹤壁市浅层地下水资源量就是地下水总补给量减去井灌回归量而得。均衡区渠系入渗、井灌回归、侧向流入等可以反映现状条件,因此采用2000~2012年补给项计算现状多年平均地下水补给量。鹤壁市卫河平原区地下水资源量为2.394 7亿 m^3(见表4-15)。

表4-15 卫河平原区地下水资源量 (单位:亿 m^3)

项目	降水入渗	渠灌入渗	河道渗漏	侧向流入	井灌入渗	补给量	地下水资源量
市区	0.084 2			0.100 0	0.004 1	0.188 3	0.184 2
浚县	0.907 8	0.156 7	0.437 7		0.338 2	1.840 3	1.502 2
淇县	0.236 3	0.091 2	0.180 7	0.200 1	0.045 3	0.753 7	0.708 3
全市	1.228 3	0.247 9	0.618 4	0.300 1	0.387 6	2.782 3	2.394 7

4.2 山丘区地下水资源计算

4.2.1 计算方法

山丘区地下水采用排泄量法计算,其计算公式为

$$Q_{地} = Q_{基} + Q_{开净} + Q_{侧} \tag{4-4}$$

式中:$Q_{地}$为地下水资源量;$Q_{基}$为基流量;$Q_{开净}$为开采净消耗量;$Q_{侧}$为山前侧向流出量。

河川基流量(又称地下径流量)是指河川径流量中有地下水渗漏补给河水的部分,即地下水向河道的排泄量。河川基流量是一般山丘区和岩溶山区的主要排泄量。本次计算,全年河川基流量采用枯季8个月河川基流量加汛期基流量求得。由于新村站资料系列较长,采用新村站(1980~2006年)实测资料进行切割。分割基流成果见表4-16。

表 4-16　淇河新村站分割基流成果

年份	R	R_g
1956	164 850	58 149
1957	37 260	29 550
1958	68 010	41 122
1959	47 980	34 413
1960	20 140	17 719
1961	42 740	32 189
1962	45 340	33 325
1963	151 570	56 534
1964	76 780	43 455
1965	26 250	22 815
1966	22 660	19 987
1967	32 320	26 815
1968	32 840	27 122
1969	47 680	34 292
1970	35 390	28 560
1971	46 500	33 811
1972	50 800	35 511
1973	51 440	35 752
1974	35 040	28 369
1975	89 010	46 297
1976	67 100	40 863
1977	51 290	35 696

续表 4-16

年份	R	R_g
1978	23 570	20 744
1979	13 770	10 408
1980	14 996	13 541
1981	16 011	15 427
1982	84 645	43 657
1983	27 213	25 191
1984	27 712	13 557
1985	29 645	26 192
1986	16 694	16 390
1987	11 993	11 872
1988	28 698	22 067
1989	27 195	22 348
1990	38 899	34 239
1991	21 216	20 325
1992	19 888	19 862
1993	20 348	19 699
1994	35 700	27 338
1995	32 597	29 280
1996	64 311	35 986
1997	23 976	23 953
1998	22 449	13 738
1999	18 539	18 539

续表 4-16

年份	R	R_g
2000	19 626	17 850
2001	18 968	17 539
2002	13 367	12 105
2003	23 447	22 456
2004	29 688	21 046
2005	24 157	18 928
2006	19 593	12 545
1956～2000 平均	41 837	28 101
1980～2000 平均	28 683	22 431

在计算山丘区基流量时，采用新村站控制区域 1956～2006 年逐年的河川基流模数，计算公式为

$$M^{j}_{0基i} = \frac{g^{j}_{g站i}}{f_{站i}} \tag{4-5}$$

式中：$M^{j}_{0基i}$ 为选用水文站 i 在 j 年的河川基流模数，万 m^3/km^2；$g^{j}_{g站i}$ 为选用水文站 i 在 j 年的河川基流量，万 m^3；$f_{站i}$ 为选用水文站的控制区域面积，km^2。

考虑到鹤壁市境内山丘区的地形地貌、水文气象、植被、水文地质条件相对较为接近，选用新村站 1980～2006 年逐年的河川基流模数，确定市区及淇县山丘区的河川基流模数。淇河新村站不同典型年基流量分析成果见表 4-17。各行政分区地下水基流量计算成果见表 4-18。

表 4-17　淇河新村站不同典型年基流量分析成果

河名	控制面积(km^2)	保证率	典型年	年径流量(亿 m^3)	基流量(亿 m^3)	基流模数(万 m^3/km^2)	基流比(%)
淇河	2 118	$P=20\%$	1973	5.144 0	3.575 2	16.9	69.5
		$P=50\%$	1967	3.232 0	2.618 5	12.4	81.0
		$P=75\%$	2001	1.896 8	1.753 9	8.3	92.5
		$P=95\%$	2002	1.336	1.210 5	5.7	90.6
		多年平均(1980～2006年)		2.868 3	2.243 1	10.28	78.2

表 4-18　各行政分区地下水基流量计算成果

行政分区	其中山丘区面积(km^2)	基流模数(万 m^3/km^2)	基流量(亿 m^3)
市区	448	10.28	0.460 5
淇县	336	10.28	0.345 4
全市	784	10.28	0.805 9

山丘区的侧向流出量等于平原区的山前侧向流入量，一般采用达西公式计算。采用该公式计算需要取得含水层厚度、渗透系数、地下水流向、水力坡度等资料。由于此次计算资料所限，采用河南省水资源研究成果，山前侧向流出量为 0.300 1 亿 m^3。

4.2.2　山丘区开采净消耗量

山丘区地下水开采净消耗量采用净消耗系数计算，公式如下：

$$Q_{净耗} = Q_{开}\rho \tag{4-6}$$

式中：$Q_{净耗}$ 为地下水开采净消耗量；$Q_{开}$ 为地下水开采量；ρ 为开采净消耗系数。

农业开采的净消耗系数与工业、生活开采的各不相同。根据以往成果及本次2000～2012年用水量调查成果，工业用水的净消耗系数一般取0.7～0.8，平均取0.75；农业用水的净开采系数一般取0.8～0.9，平均取0.85；生活用水的净开采系数一般为0.8～1.0，平均取0.85。考虑地下水的开采净消耗量区分不同用途分别计算。采用2000～2012年地下水平均开采量，鹤壁市山丘区地下水开采量见表4-19，净消耗量见表4-20。

表 4-19　鹤壁市山丘区地下水开采量　(单位:亿 m^3)

项目	农业开采量	工业开采量	林牧渔开采量	生活开采量	合计
市区	0.128 4	0.104 1	0.038 1	0.049 5	0.320 1
淇县	0.371 2	0.161 9	0.026 3	0.031 4	0.590 8
合计	0.499 6	0.266 0	0.064 4	0.080 9	0.910 9

表 4-20　鹤壁市山丘区地下水开采量净消耗量

(单位:亿 m^3)

项目	农业	工业	生活	合计
市区	0.117 1	0.078 1	0.042 0	0.237 2
淇县	0.318 0	0.121 4	0.026 7	0.466 1
合计	0.435 1	0.199 5	0.068 7	0.703 3

4.2.3　山丘区地下水资源量

计算结果表明，山丘区地下水资源量为1.809 3 亿 m^3，其中径流量为0.805 9 亿 m^3，侧向流出量为0.300 1 亿 m^3，开采净消耗量为0.703 3 亿 m^3。

4.3 全区地下水资源量

全区山丘区地下水资源量为1.809 3亿 m^3,平原区地下水资源量为2.394 7亿 m^3,平原区与山丘区地下水重复计算量0.300 1亿 m^3。全市地下水资源量为3.903 9亿 m^3,见表4-21。

表4-21 鹤壁市分区地下水资源量 (单位:亿 m^3)

项目	平原区	山丘区	山丘区与平原区重复计算量	地下水资源量
市区	0.184 2	0.797 7	0.100 0	0.881 9
浚县	1.502 1			1.502 1
淇县	0.708 4	1.011 6	0.200 1	1.519 9
全市	2.394 7	1.809 3	0.300 1	3.903 9

第 5 章　地下水动态研究

5.1　地下水动态

浅层地下水动态是地下水综合补给量与综合排泄量在不同时期情况的反映,不同地区的浅层地下水的综合补给量和综合排泄量中的各个量所起的主导作用是不同的,而且随时间变化情况也不一样,所以各个地区的地下水动态类型也不一样。

地下水动态类型受地形、地貌、水文地质、降水等自然条件的制约,同时还受人类活动的制约。鹤壁市工农业较发达,人类活动对地下水的影响十分强烈。平原区浅层地下水动态变化主要有以下几种类型。

5.1.1　入渗－蒸发开采型

这一类型地下水以降水补给为主,其次是地表水体补给,汛期前地下水主要用于开采,雨后地下水主要用于消耗与蒸发。年初地下水位因蒸发缓慢下降,到 2 月底、3 月初由于农业开采,地下水位迅速下降。进入汛期后,地下水位又回升,水位上升与降水量对照明显,雨后和汛后由于蒸发,地下水又缓慢下降。年平均埋深一般在 2 ~6 m 变动,如淇县西岗乡 10 号井。这一动态类型主要分布在淇县西南部的西岗乡,分布面积较小(见图 5-1)。

5.1.2　入渗－开采型

这一类型型地下水动态是以降水补给为主,其次是侧向径流

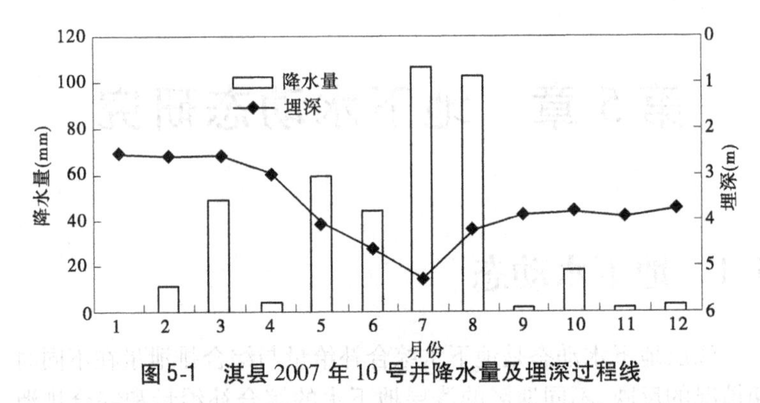

图5-1 淇县2007年10号井降水量及埋深过程线

补给、地下水主要消耗于开采。年初2月底及3月初,由于农业灌溉开采地下水,地下水位大幅下降,水位下降到汛初6月左右,即进入汛期降水,这时停止开采地下水,地下水受侧向径流补给、灌溉水补给及降水补给,水位开始回升,由于水位埋深大,降雨补给滞后时间长,所以水位回升到次年2月、3月,到初春农业开采为止。这一地下水类型主要分布在浚县卫河以东及浚县的白寺乡、淇县的庙口乡。如浚县善堂乡3号井及白寺乡18号井(见图5-2和图5-3)。

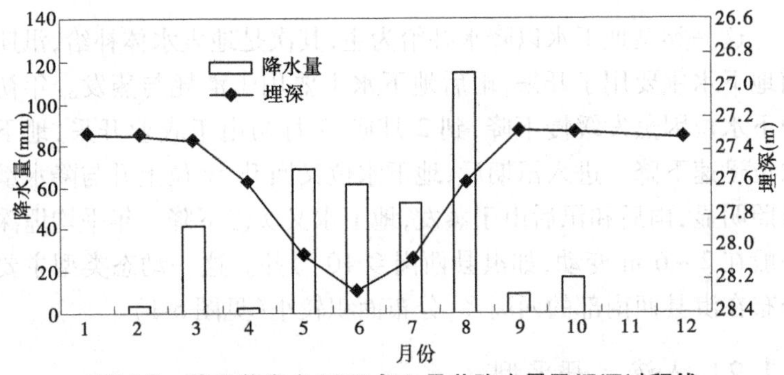

图5-2 浚县善堂乡2007年3号井降水量及埋深过程线

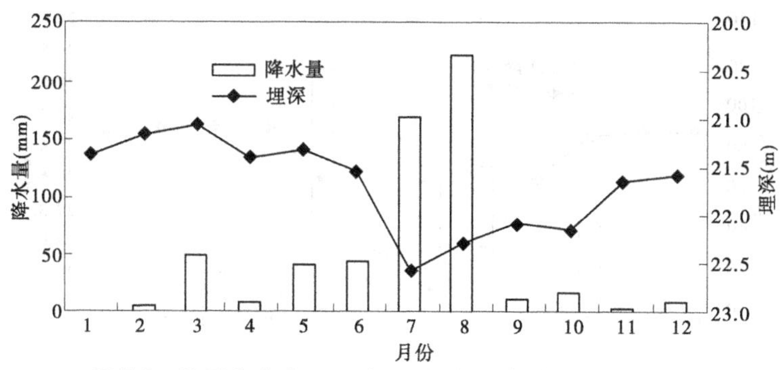

图5-3　浚县白寺乡2007年18号井降水量及埋深过程线

5.1.3　开采型

这一类型地下水动态主要分布在浚县西北部。地下水超量开采,地下水位持续下降,枯水期地下水位下降速度加快,丰水期地下水位回升平缓,如浚县大赉店镇大北角村17号井,浚县白寺乡尹庄村18号井,显示地下水超采严重。目前地下水埋深较大,最大处在25 m以上(分别见图5-4和图5-5)。

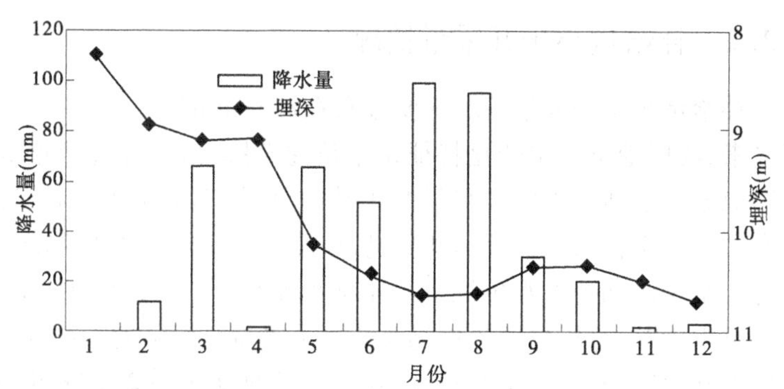

图5-4　2007年浚县大赉店镇大北角村17号井降水量及埋深过程线

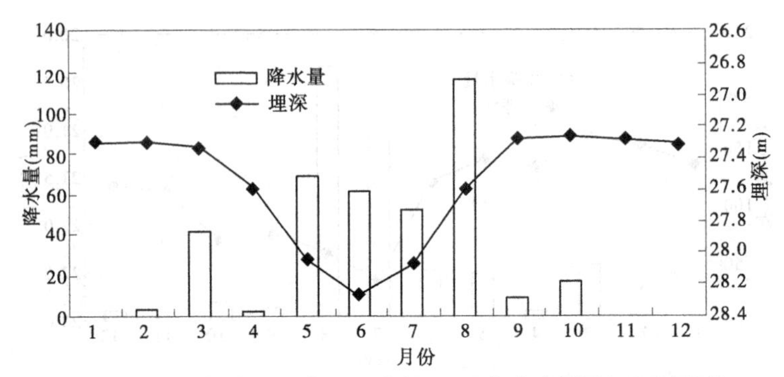

图 5-5　2007 年浚县白寺乡尹庄村 18 号井降水量及埋深过程线

5.2　地下水埋深变化

鹤壁市地下水埋深观测从 1975 年开始，本书收集了 1975 年以来鹤壁市共 27 眼井埋深的长期观测资料和 2002～2007 年鹤壁市城市埋深资料。对资料系列较短和资料缺测年份进行了筛选，共选用 15 眼井资料作为研究的基本资料。

5.2.1　补给量小于开采量情况

补给量小于开采量情况主要分布在浚县北部、东部。自 1975 年以来，浅层地下水位变化特征是水位逐渐降低，埋深逐年增大，其形成原因是地下水的开采量大于补给量，汛期降水入渗补给地下水的量小于枯水期的超额开采量，致使水位年复一年地下降，有时特丰水年汛期地下水位恢复高于前期水位，但多年平均地下水开采量大于补给量，总的趋势仍改变不了其持续下降的特征，历年平均下降速度为 0.2～1.0 m/a，最大下降速度达到 2 m/a 多（见图 5-6～图 5-10）。

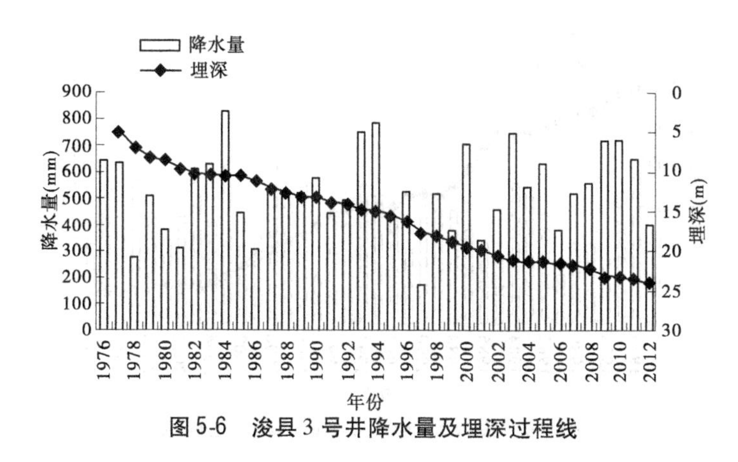

图5-6　浚县3号井降水量及埋深过程线

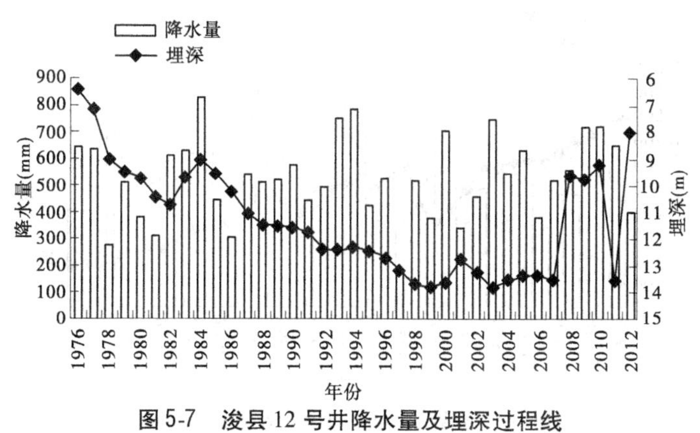

图5-7　浚县12号井降水量及埋深过程线

5.2.2　补给量基本等于开采量情况

补给量基本等于开采量情况地下水位相对稳定区,分布在浚县大部分地区及淇县南部,地下水动态受降水、开采双重因素影响,降水较丰时地下水位上升,降水偏枯时地下水位下降。20世纪80年代中期以后地下水位随着开采量的增加及降水量的偏枯

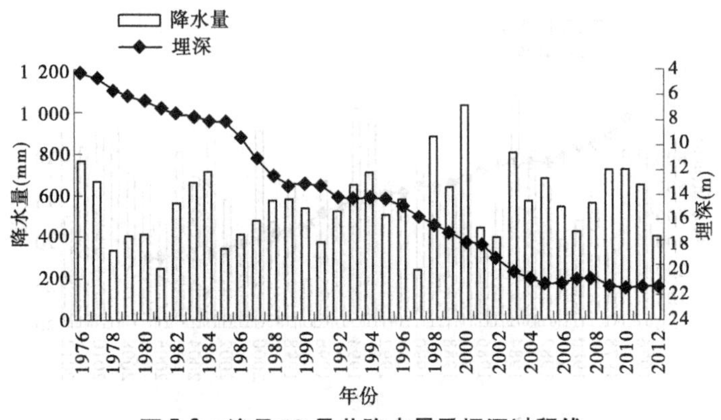

图 5-8　浚县 13 号井降水量及埋深过程线

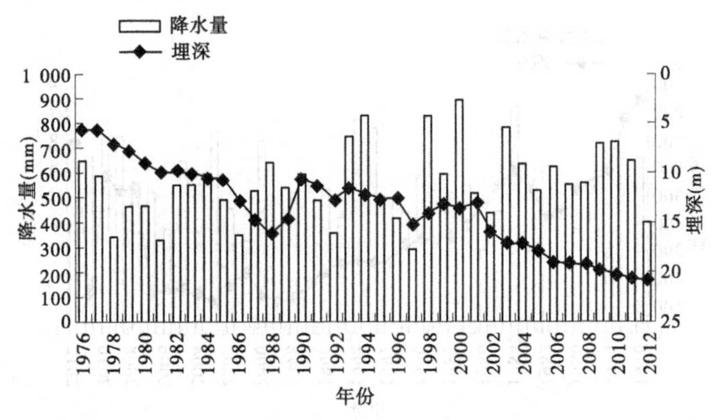

图 5-9　浚县 14 号井降水量及埋深过程线

略有下降(见图 5-11 ~ 图 5-15)。

5.2.3　补给量大于开采量情况

补给量大于开采量情况主要分布在淇县庙口乡及东部,地下水埋藏浅,水位变化幅度较小,受气象因素影响明显,受开采影响较小,补给量主要来源于地表水补给。1975 年以来,地下水位除

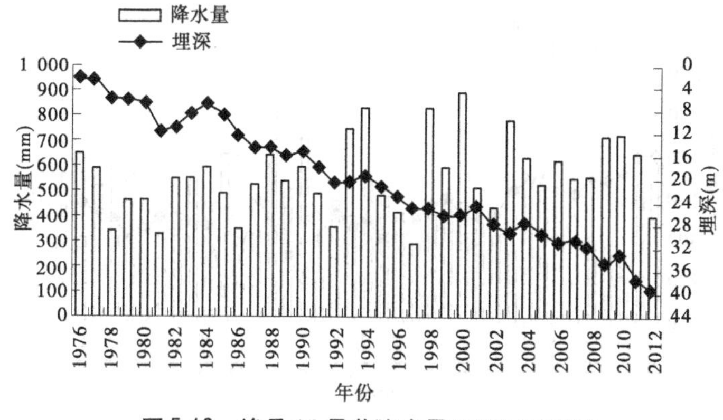

图5-10　浚县16号井降水量及埋深过程线

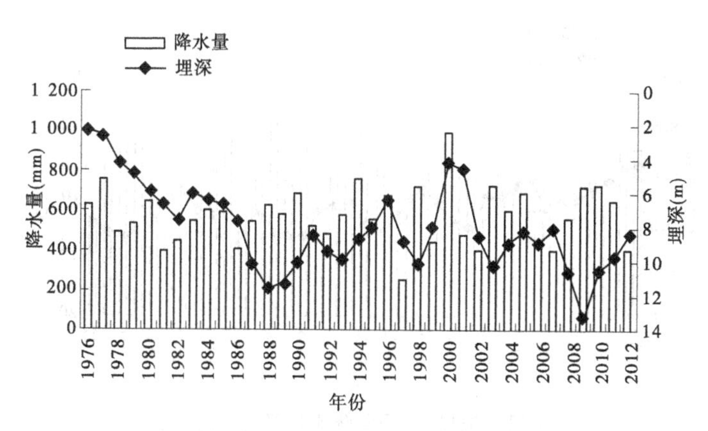

图5-11　浚县9号井降水量及埋深过程线

有小幅的上下波动外,无明显的上升或下降趋势(见图5-16)。

5.3　地下水埋深年际变化

对平原区地下水长期观测井1975～2012年资料进行了统计,地下水位变幅用上年末埋深(12月26日)与下年末埋深比较,下

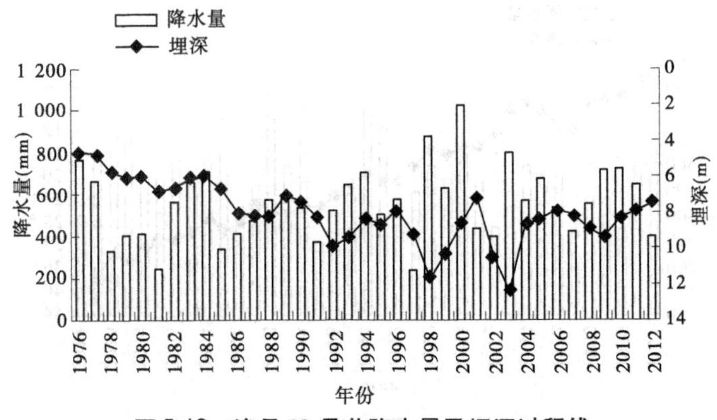

图 5-12　浚县 10 号井降水量及埋深过程线

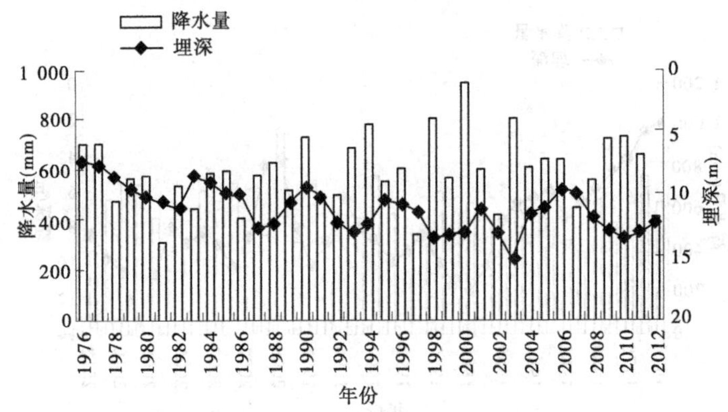

图 5-13　浚县 17 号井降水量及埋深过程线

降为负值,上升为正值。

5.3.1　浚县地下水埋深年际变化

浚县 20 世纪 70 年代地下水平均埋深为 4.47 m,地下水埋深变幅为 -0.72 m;80 年代地下水平均埋深为 7.75 m,地下水埋深变幅为 -0.39 m;90 年代地下水平均埋深为 10.63 m,地下水埋深

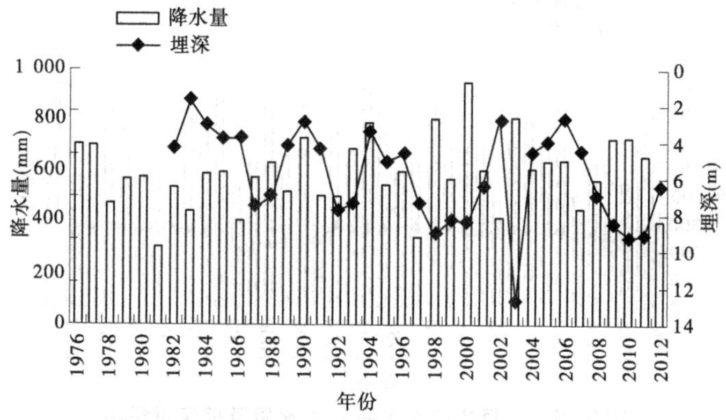

图5-14 浚县20号井降水量及埋深过程线

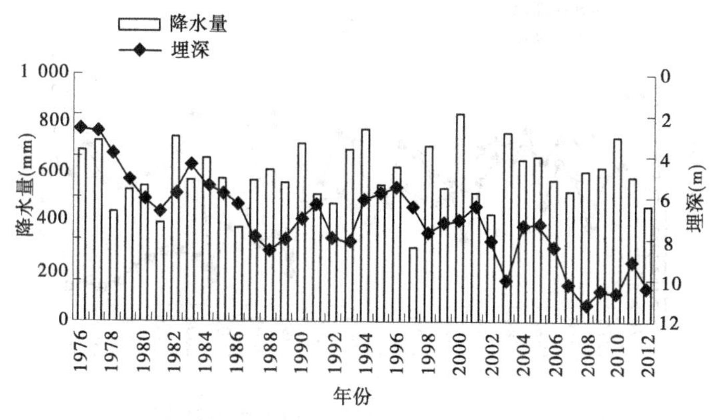

图5-15 淇县8号井降水量及埋深过程线

变幅为 -0.17 m;21世纪地下水平均埋深12.70 m,地下水埋深变幅为 -0.18 m。浚县1976~2012年地下水埋深及变幅见图5-17。

5.3.2 淇县地下水埋深年际变化

淇县20世纪70年代地下水平均埋深为4.09 m,地下水埋深变幅为 -0.28 m;80年代地下水平均埋深为4.91 m,地下水埋深

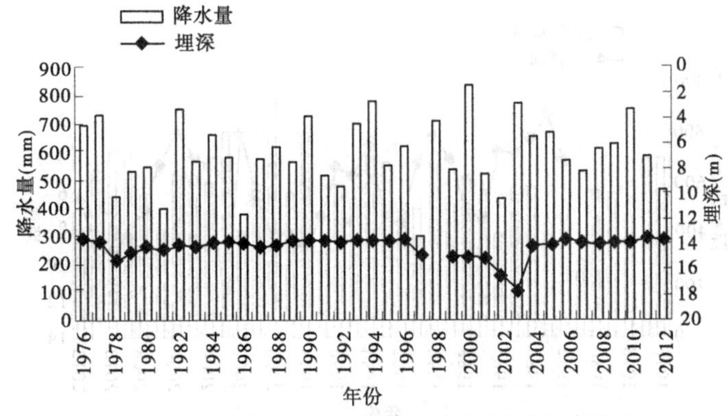

图 5-16 淇县庙口乡 5 号井降水量及埋深过程线

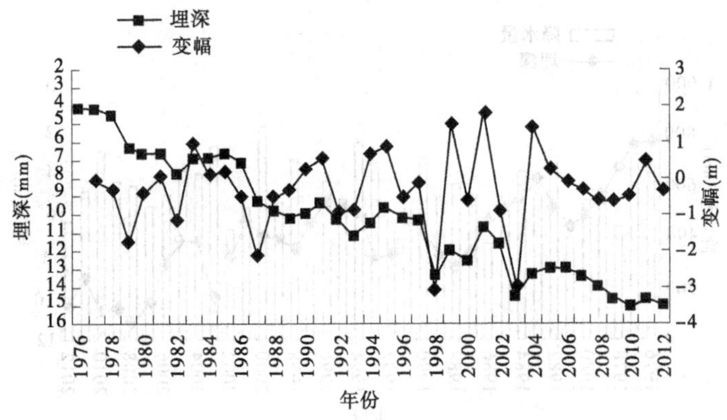

图 5-17 浚县 1976 ~ 2012 年地下水埋深及变幅

变幅为 -0.01 m;90 年代地下水平均埋深为 5.38 m,地下水埋深变幅为 -0.17 m;21 世纪地下水平均埋深为 5.99 m,地下水埋深变幅为 +0.99 m。淇县 1976 ~ 2012 年地下水埋深及变幅见图 5-18。

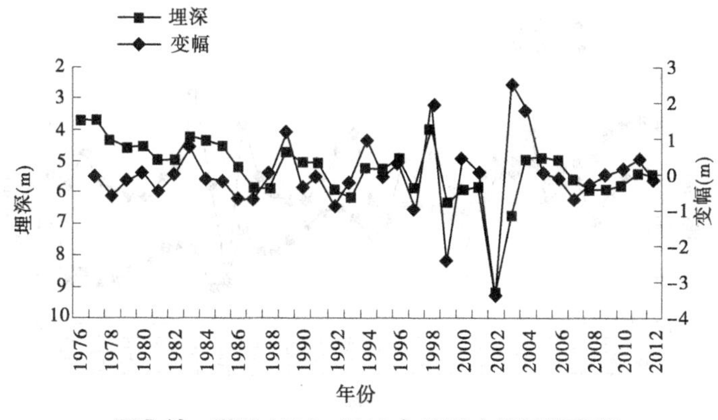

图5-18　淇县1976～2012年地下水埋深及变幅

5.3.3　鹤壁市平原区地下水埋深年际变化及水位变幅

鹤壁市20世纪70年代地下水平均埋深为4.42 m，地下水埋深变幅为－0.50 m；80年代地下水平均埋深为6.33 m，地下水埋深变幅为－0.20 m；90年代地下水平均埋深为8.01 m，地下水埋深变幅为－0.17 m；21世纪地下水平均埋深为9.35 m，地下水埋深变幅为－0.01 m。鹤壁市平原区1976～2012年地下水埋深及变幅见图5-19。

鹤壁市平原区地下水水位总体呈下降趋势。在连续偏丰的1982～1984年、1993～1996年、2003～2005年，地下水位都略有回升，但回升幅度不大。

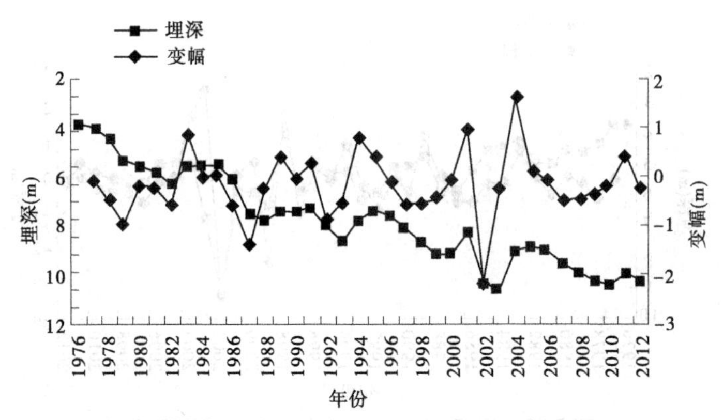

图 5-19 鹤壁市平原区 1976～2012 年地下水埋深及变幅

第 6 章　地下水开发利用分析

鹤壁市现有两县三区。2012 年末鹤壁市总人口为 160.278 1 万人，其中农业人口 76.922 7 万人，非农业人口 81.877 3 万人，城镇化率 51.6%，人口密度 734 人/km^2。

鹤壁市区形成了以煤炭工业为主，兼有电力、化工纺织、机械、建材等为主的全面发展格局。2012 年地区生产总值 545.780 6 亿元，其中第一产业 58.125 7 亿元，第二产业 384.587 5 亿元，第三产业 103.067 4 亿元，人均地区生产总值34 456元，见表 6-1。

表 6-1　鹤壁市经济发展统计

年份	人口（万人）	地区生产总值（万元）	人均地区工业产值（元）	有效灌溉面积（hm^2）	粮食产量（t）	亩产（kg）	工业总产值（亿元）
1980	102.647 0	4 226	414	76 370	357 329	173	3.864
1981	104.244 3	4 789	465	76 363	347 298	168	3.794
1982	105.665 1	54 661	520	76 808	368 807	182	4.038
1983	107.003 8	63 014	594	77 866	504 580	235	4.590
1984	108.388 4	72 239	669	78 729	547 230	251	5.573
1985	110.023 0	78 923	724	77 610	497 435	227	7.198 5
1986	112.178 6	86 436	779	78 287	509 868	217	7.574 8
1987	114.790 8	9 067	802	7 855	439 125	184	8.854 1
1988	117.585 6	116 538	1 005	79 933	554 511	236	11.988 8
1989	120.359 5	131 554	1 105	81 000	597 940	250	14.699 3
1990	122.789 8	141 465	1 137	82 247	545 627	229	16.650 7

续表 6-1

年份	人口（万人）	地区生产总值（万元）	人均地区工业产值（元）	有效灌溉面积（hm^2）	粮食产量（t）	亩产（kg）	工业总产值（亿元）
1991	124.413 6	173 077	1 396	81 053	662 000	292	20.449 2
1992	126.313 5	217 434	1 739	81 800	621 650	297	29.003 6
1993	128.070 4	290 048	2 280	82 060	754 103	340	42.711 8
1994	129.322 2	398 969	3 100	82 740	749 965	350	67.622 8
1995	130.956 4	537 438	4 130	76 560	716 102	327	90.422 5
1996	132.186 4	639 196	4 858	83 660	664 116	290	94.719 6
1997	134.141 1	678 682	5 097	83 990	770 945	330	91.709 6
1998	136.335 1	70 564	5 218	84 220	828 470	336	90.684 0
1999	138.207 6	741 574	5 402	82 670	897 983	378	94.819 9
2000	140.278 3	818 828	5 881	82 260	851 207	357	109.746 6
2001	141.149 5	905 951	6 438	82 430	880 359	374	124.788 4
2002	141.970 4	1 000 088	7 065	82 620	795 757	342	142.236 8
2003	142.771 7	1 162 692	8 167	83 060	761 366	327	172.481 7
2004	143.199 4	1 485 442	10 389	83 400	888 821	395	229.820 7
2005	143.847 9	1 862 357	1 2976	83 960	929 105	402	326.149 0
2006	144.459 1	2 216 682	15 378	84 150	1 007 700	416	410.736 1
2007	145.104 8	2 744 319	19 195	84 270	1 070 261	443	547.512 9
2008	145.459 1	3 423 523	24 070	84 610	1 095 573	450	6 903 298
2009	146.454 7	3 636 276	25 370	83 088	1 108 955	450	7 639 103
2010	158.514 3	4 291 191	28 531	83 490	1 116 277	451	10 031 427
2011	159.368 7	5 005 192	31 763	83 170	1 133 025	452	11 724 111
2012	160.278 1	5 457 806	34 456	83 170	1 163 025	458	14 059 972

鹤壁市农业也较发达，浚县、淇县主要以农业为主，农作物主

要有小麦、玉米、棉花、花生等。近几年来农业化水平明显提高，2007年常用耕地面积96 380 hm²，有效灌溉面积84 270 hm²，占耕地面积的87.4%；机电井灌溉面积35 690 hm²，占耕地面积的37.0%，占有效灌溉面积的42.4%；节水灌溉面积51 330 hm²，占有效灌溉面积的60.9%。鹤壁市主要社会经济变化情况见图6-1，2012年主要社会经济状况见表6-2。

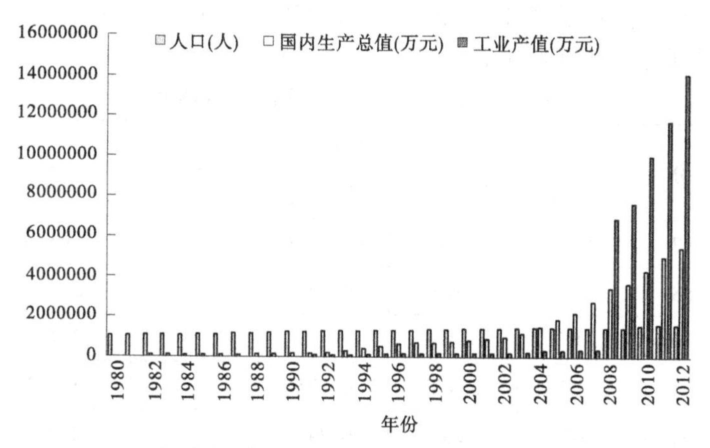

图6-1　鹤壁市主要社会经济变化情况

表6-2　鹤壁市2012年主要社会经济状况统计

县区名称	总人口（人）	城镇人口（人）	农村人口（人）	城镇化率（%）	有效灌溉面积（hm²）	井灌面积（hm²）	工业增加值（亿元）	农业总产值（万元）	粮食产量（万t）
市区	620 954	506 305	141 121	78.2	11 433		266.01	319 827	16.19
浚县	695 258	182 990	485 343	27.4	51 823		57.97	246 437	70.68
淇县	286 569	129 478	142 763	47.6	19 914		43.55	73 390	29.45
全市	1 602 781	818 773	769 227	51.6	83 170		367.53	639 654	116.32

6.1 20世纪80年代地下水开发利用情况

由于收集资料有限,20世纪80年代资料代表性较差,仅收集到2年地下水开发利用资料。80年代地下水开发量平均在2.338 4亿 m^3,用于农业2.150 7亿 m^3,占90.1%;用于工业0.098 6亿 m^3,占4.1%;用于生活0.139 1亿 m^3,占5.8%。在80年代地下水主要用于农业灌溉,见表6-3。

表6-3 鹤壁市地下水开发利用情况调查(单位:亿 m^3)

年份	地下水总开采量				
	第一产业	第二产业	第三产业	其他	合计
1987	2.241 4	0.168 2	0.209 2		2.618 8
1988	2.06	0.029	0.069		2.158
1990	2.037	0.318	0.139		2.494
1991	2.497	0.475	0.171		3.143
1992	2.148	0.56	0.243		2.951
1993	2.555	0.729	0.242		3.526
1994	1.31	0.6	0.250		2.160
1997	2.931	0.61	0.332		3.873
1998	2.508	0.655	0.388		3.551
1999	3.453 9	1.000 2	0.254 5		4.708 6
2000	3.477 3	0.725 4	0.226 3		4.429 0
2001	4.334 3	0.753 7	0.249 6		5.337 6
2002	4.277 6	0.658 4	0.222 3		5.158 3
2003	3.265 7	0.742 6	0.179 5		4.187 8

续表6-3

年份	地下水总开采量				
	第一产业	第二产业	第三产业	其他	合计
2004	2.653 2	0.570 3	0.187 0		3.410 5
2005	2.912 3	0.597 3	0.213 7		3.723 3
2006	3.235 8	0.389 6	0.200 5		3.825 9
2007	3.608 6	0.433 1	0.204 2		4.245 9
2008	3.190 1	0.411 7	0.173 3		3.775 1
2009	3.011 1	0.430 3	0.211 9		3.653 3
2010	2.660 2	0.457 8	0.212 5		3.330 5
2011	2.281 6	0.417 9	0.217 3		2.916 8
2012	2.421 6	0.501 4	0.351 3		3.274 3

6.2　20世纪90年代地下水开发利用情况

20世纪90年代地下水平均开发量在3.207 8亿 m^3，其中用于第一产业（农田、林牧渔业和牲畜）2.396 2亿 m^3，占74.8%；用于第二产业（工业和建筑业）0.559 2亿 m^3，占17.4%；用于第三产业（商品贸易、餐饮住宿、金融、交通运输、仓储、邮电通信、文教卫生、机关团体等各种服务行业）0.252 4亿 m^3，占7.8%。随着工业发展和人们生活水平的日益提高，同80年代相比在地下水开发利用中第一产业用水量相对减少，生活用水量和工业用水量增加。

6.3　2000～2012年地下水开发利用情况

进入21世纪，随着生产的发展和人们生活水平的日益提高，以及地下水资源量的减少，在农业方面积极发展节水灌溉，对工业进行技术改造，城市生活用水水价积极调整。地下水在开发利用量等方面发生了很大变化。

6.3.1　地下水供水现状分析

根据2000～2012年《鹤壁市水资源公报》资料统计分析，鹤壁市多年平均开采地下水量3.943 7亿m^3，其中浅层开采量3.067 8亿m^3，深层地下水开采量0.875 9亿m^3，分别占地下水开采总量的77.8%、22.2%。现状年（2012年）地下水开采量3.274 3亿m^3，其中浅层、深层地下水开采量分别为2.552 7亿m^3、0.721 6亿m^3，分别占地下水开采总量的77.9%、22.1%（见表6-4和图6-2）。

6.3.2　农业供水

2000～2012年鹤壁市农业平均每年开采地下水量2.975 3亿m^3，其中年最大开采量为4.113 5亿m^3（2001年），年最小开采量为2.072 2亿m^3（2011年）。卫河、淇河两岸以开发利用地表水为主，其他大部分地区以开发利用地下水为主。近年来，由于地表水资源减少及水利设施的破坏，农业供水更多地依赖地下水，现状年（2012年）市区农业供水0.071 0亿m^3，浚县农业供水1.752 2亿m^3，淇县农业供水0.385 8亿m^3，全市农业供水2.209 0亿m^3（见表6-5）。

表6-4　鹤壁市县区2000~2012年地下水供水量统计　（单位：亿 m^3）

行政分区	项目	2000年	2001年	2002年	2003年	2004年	2005年	2006年	2007年	2008年	2009年	2010年	2011年	2012年	多年平均
市区	浅层水	0.362 3	0.186 2	0.006 9	0.076 3	0.133 6	0.175 1	0.211 3	0.237 6	0.224 3	0.218 8	0.192 1	0.178 5	0.227 4	0.187 0
	深层水	0.170 8	0.311 2	0.311 2	0.281 2	0.162 8	0.162 8	0.159 4	0.179 2	0.169 2	0.165 1	0.144 9	0.134 6	0.171 6	0.194 2
	合计	0.533 1	0.497 4	0.318 1	0.357 5	0.296 4	0.337 9	0.370 7	0.416 8	0.393 5	0.383 9	0.337 0	0.313 1	0.399 0	0.381 2
浚县	浅层水	2.284 9	3.229 8	3.229 8	2.613 8	2.020 5	2.332 2	2.431 5	2.775 3	2.448 4	2.408 4	2.202 7	1.980 5	2.146 4	2.469 6
	深层水	0.012 5	0.012	0.012	0.064	0.064	0.064	0.075 2	0.085 8	0.075 7	0.074 5	0.068 1	0.061 3	0.066 4	0.056 6
	合计	2.297 4	3.241 8	3.241 8	2.677 8	2.084 5	2.396 2	2.506 7	2.861 1	2.524 1	2.482 9	2.270 8	2.041 8	2.212 8	2.526 2
淇县	浅层水	0.876 7	0.876 7	0.876 7	0.598 1	0.338 7	0.293 6	0.256 1	0.261 4	0.231 5	0.212 4	0.195 1	0.151 7	0.178 9	0.411 4
	深层水	0.721 8	0.721 6	0.721 6	0.554 4	0.690 9	0.695 6	0.692 4	0.706 6	0.626 0	0.574 1	0.527 6	0.410 2	0.483 6	0.625 1
	合计	1.598 5	1.598 3	1.598 3	1.152 5	1.029 6	0.989 2	0.948 5	0.968	0.857 5	0.786 5	0.722 7	0.561 9	0.662 5	1.036 5
全市	浅层水	3.523 9	4.292 7	4.113 4	3.288 2	2.492 8	2.800 9	2.898 9	3.274 2	2.904 2	2.839 6	2.589 9	2.310 7	2.552 7	3.067 8
	深层水	0.905 1	1.044 8	1.044 8	0.899 7	0.917 7	0.922 4	0.927	0.971 7	0.870 9	0.813 7	0.740 6	0.606 1	0.721 6	0.875 9
	合计	4.429 0	5.337 5	5.158 2	4.187 8	3.410 5	3.723 3	3.825 9	4.245 9	3.775 1	3.653 3	3.330 5	2.916 8	3.274 3	3.943 7

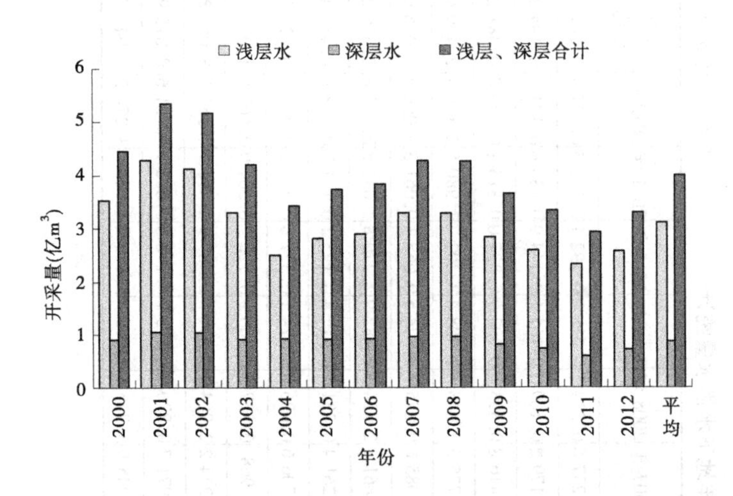

图 6-2　鹤壁市 2000 ~ 2012 年浅层、深层地下水开采量图

6.3.3　工业供水

市区由于工业供水，地下水供工业用水较少；浚县由于工业不发达，工业供水较少，淇县由于工业较发达，有几家大型企业如电厂、大运集团，工业供水量较多，由于产业结构的调整及经济效益的下滑，淇县近几年工业用水量同 2000 年相比，有所减少。2000 ~ 2012年鹤壁市工业平均每年开采地下水量 0. 545 3 亿 m^3，其中 2001 年最大，开采量为 0. 753 7 亿 m^3；2006 年最小，开采量为 0. 389 6 亿 m^3（见表 6-6）。

表 6-5 鹤壁市 2000～2012 年农业供水量 （单位：亿 m^3）

行政分区	2000 年	2001 年	2002 年	2003 年	2004 年	2005 年	2006 年	2007 年	2008 年	2009 年	2010 年	2011 年	2012 年	平均
市区	0.335 0	0.134 0	0.143 3	0.172 2	0.104 0	0.113 5	0.200 7	0.239 0	0.190 4	0.145 3	0.095 1	0.044 0	0.071 0	0.152 9
浚县	2.001 5	2.945 0	2.945 0	2.293 7	1.714 9	2.014 9	2.141 6	2.535 0	2.177 2	2.127 1	1.903 5	1.673 8	1.752 2	2.171 2
淇县	0.983 3	1.034 5	1.018 5	0.564 5	0.604 5	0.551 1	0.690 4	0.691 8	0.607 7	0.528 4	0.450 9	0.354 4	0.385 8	0.651 2
全市	3.319 8	4.113 5	4.106 8	3.030 4	2.423 4	2.679 5	3.032 7	3.465 8	2.975 3	2.800 8	2.449 5	2.072 2	2.209 0	2.975 3

表 6-6 鹤壁市 2000～2012 年工业供水量 （单位：亿 m^3）

行政分区	2000 年	2001 年	2002 年	2003 年	2004 年	2005 年	2006 年	2007 年	2008 年	2009 年	2010 年	2011 年	2012 年	平均
市区	0.099 2	0.180 3	0.085 0	0.105 3	0.118 4	0.123 4	0.096 9	0.119 6	0.093 5	0.127 8	0.131 0	0.158 1	0.172 3	0.123 9
浚县	0.100 8	0.091 2	0.091 2	0.141 4	0.123 7	0.133 7	0.127 3	0.127 3	0.172 8	0.152 8	0.165 0	0.165 0	0.194 0	0.137 4
淇县	0.525 4	0.482 2	0.482 2	0.495 9	0.328 2	0.340 2	0.165 4	0.186 2	0.145 4	0.149 7	0.161 8	0.094 8	0.135 1	0.284 0
全市	0.725 4	0.753 7	0.658 4	0.742 6	0.570 3	0.597 3	0.389 6	0.433 1	0.411 7	0.430 3	0.457 8	0.417 9	0.501 4	0.545 3

6.3.4 生活供水

生活供水主要是向城镇和农村居民供水。鹤壁市市区城市居民生活用水水源主要是引淇河地表水，浚县、淇县城镇居民和全市农村居民生活用水水源是地下水，市区由于地表水年供水不同，地下水供水变化较大，浚县和淇县地下水生活供水量年际变化不大。2000～2012年鹤壁市生活用水平均每年开采地下水量为0.219 2亿m^3，其中年最大开采量为0.249 6亿m^3（2001年），年最小开采量为0.173 3亿m^3（2008年）（见表6-7）。

6.3.5 林牧渔业供水

林牧渔业供水量主要包括林业供水量、牲畜（大牲畜马、牛，小牲畜猪、羊）供水量、养鱼鱼塘补水量。2000～2012年林牧渔业年平均供水量0.203 9亿m^3，2001年最大，为0.220 8亿m^3，2007年最小，为0.142 8亿m^3。由于浚县牧业发达，牧业供水较多，多年平均在0.112 4亿m^3（见表6-8）。

6.3.6 供水结构分析

2000～2012年，鹤壁市农业、林牧渔业、工业、生活等各项开采地下水量占地下水总开采量的比重分别是75.4%、5.2%、13.8%、5.6%，表明农业灌溉是开采利用地下水大户。浚县农业灌溉开采地下水量占其地下水开采总量的比值最大，达到85.9%。

现状年（2012年）鹤壁市农业、林牧渔业、工业、生活及其他等各项开采地下水量占地下水总开采量的比重分别是67.5%、6.5%、15.3%、10.7%，农业灌溉利用地下水量比重有所减少，工业供水利用地下水量比重有所增加。浚县农业灌溉开采地下水量占其地下水开采总量的比值最大，达到79.2%；市区农业灌溉开采地下水量占其地下水开采总量的比值较小，为17.8%（见表6-9）。

表6-7 鹤壁市2000~2012年生活供水量

（单位：亿 m^3）

行政分区	2000年	2001年	2002年	2003年	2004年	2005年	2006年	2007年	2008年	2009年	2010年	2011年	2012年	平均
市区	0.0748	0.1009	0.0576	0.0300	0.0260	0.0518	0.0538	0.0447	0.0533	0.0575	0.0575	0.0576	0.1007	0.0589
浚县	0.0976	0.1036	0.1036	0.1085	0.1130	0.1136	0.1037	0.1045	0.0646	0.0992	0.0985	0.0997	0.1569	0.1052
淇县	0.0539	0.0451	0.0611	0.0410	0.0480	0.0483	0.0430	0.0550	0.0554	0.0552	0.0565	0.0600	0.0937	0.0551
全市	0.2263	0.2496	0.2223	0.1795	0.1870	0.2137	0.2005	0.2042	0.1733	0.2119	0.2125	0.2173	0.3513	0.2192

表6-8 鹤壁市2000~2012年林牧渔业供水量

（单位：亿 m^3）

行政分区	2000年	2001年	2002年	2003年	2004年	2005年	2006年	2007年	2008年	2009年	2010年	2011年	2012年	平均
市区	0.024 1	0.082 2	0.032 2	0.050 0	0.048 0	0.049 2	0.019 3	0.013 5	0.056 3	0.053 3	0.053 4	0.053 4	0.055 0	0.045 4
浚县	0.097 5	0.102 0	0.102 0	0.134 2	0.132 9	0.134 0	0.134 1	0.094 3	0.109 5	0.103 8	0.103 8	0.103 3	0.109 7	0.112 4
淇县	0.035 9	0.036 6	0.036 6	0.051 1	0.048 9	0.049 6	0.049 7	0.035 0	0.049 0	0.053 2	0.053 5	0.052 7	0.047 9	0.046 1
全市	0.157 5	0.220 8	0.170 8	0.235 3	0.229 8	0.232 8	0.203 1	0.142 8	0.214 8	0.210 3	0.210 7	0.209 4	0.212 6	0.203 9

表6-9 鹤壁市2000～2012年平均及2012年供水结构统计

(%)

行政分区	2000～2012年平均				2012年			
	农业	林牧渔业	工业	生活	农业	林牧渔业	工业	生活
市区	40.1	11.8	32.5	15.6	17.8	13.8	43.2	25.2
浚县	85.9	4.5	5.4	4.2	79.2	5.0	8.8	7.1
淇县	62.8	4.5	27.4	5.3	58.2	7.2	20.4	14.2
全市	75.4	5.2	13.8	5.6	67.5	6.5	15.3	10.7

6.4 用水现状分析

鹤壁市2000～2012年平均每年用地下水总量3.943 7亿m^3,其中农业灌溉用地下水量2.975 3亿m^3,林牧渔业用地下水量0.203 9亿m^3,工业用地下水量0.545 3亿m^3,居民生活用地下水量0.219 2亿m^3。现状年(2012年)用地下水总量3.274 3亿m^3,其中农业灌溉用地下水量2.209 0亿m^3,林牧渔业用地下水0.212 6亿m^3,工业用地下水量0.501 4亿m^3,居民生活用地下水量0.351 3亿m^3。

6.4.1 农业用水

农业用水主要包括水浇地用水和菜田用水。2000～2012年农业开采利用地下水2.975 3亿m^3。水浇地用水2.679 0亿m^3,用水占90%;菜田用水0.296 3亿m^3,占10%。2001年开采利用地下水最大为4.113 5亿m^3,2011年最小为2.072 2亿m^3。现状年2012年农业开采利用地下水2.209 0亿m^3,其中水浇地用水1.988 4亿m^3,占90%;菜田用水0.220 6亿m^3,占10%。在农业发展中,可适度扩大菜田种植面积,提高农民的经济效益(见表6-10)。

表6-10　鹤壁市2000～2012年农业开采地下水统计　（单位：亿 m^3）

行政分区	项目	2000年	2001年	2002年	2003年	2004年	2005年	2006年	2007年	2008年	2009年	2010年	2011年	2012年	平均
市区	水浇地	0.230 4	0.027 4	0.033 7	0.105 6	0.019 0	0.028 5	0.123 7	0.181 1	0.132 5	0.087 4	0.037 2	0	0.028 0	0.079 6
	菜田	0.104 6	0.106 6	0.109 6	0.066 6	0.085 0	0.085 0	0.077 0	0.057 9	0.057 9	0.057 9	0.057 9	0.044 0	0.043 0	0.073 3
	合计	0.335 0	0.134 0	0.143 3	0.172 2	0.104 0	0.113 5	0.200 7	0.239 0	0.190 4	0.145 3	0.095 1	0.044 0	0.071 0	0.152 9
浚县	水浇地	1.841 5	2.685 0	2.690 3	2.137 2	1.494 2	1.794 2	1.970 9	2.370 0	2.012 2	1.962 1	1.738 5	1.508 8	1.612 0	1.985 9
	菜田	0.160 0	0.260 0	0.254 7	0.156 5	0.220 7	0.220 7	0.170 7	0.165 0	0.165 0	0.165 0	0.165 0	0.165 0	0.140 2	0.185 3
	合计	2.001 5	2.945 0	2.945 0	2.293 7	1.714 9	2.014 9	2.141 6	2.535 0	2.177 2	2.127 1	1.903 5	1.673 8	1.752 2	2.171 2
淇县	水浇地	0.935 9	0.987 1	0.964 3	0.530 3	0.563 2	0.509 8	0.659 7	0.660 5	0.576 4	0.497 1	0.419 6	0.323 1	0.348 4	0.613 5
	菜田	0.047 4	0.047 4	0.054 2	0.034 2	0.041 3	0.041 3	0.030 7	0.031 3	0.031 3	0.031 3	0.031 3	0.031 3	0.037 4	0.037 7
	合计	0.983 3	1.034 5	1.018 5	0.564 5	0.604 5	0.551 1	0.690 4	0.691 8	0.607 7	0.528 4	0.450 9	0.354 4	0.385 8	0.651 2
全市	水浇地	3.007 8	3.699 5	3.688 3	2.773 1	2.076 4	2.332 5	2.754 3	3.211 6	2.721 1	2.546 6	2.195 3	1.831 9	1.988 4	2.679 0
	菜田	0.312 0	0.414 0	0.418 5	0.257 3	0.347 0	0.347 0	0.278 4	0.254 2	0.254 2	0.254 2	0.254 2	0.240 3	0.220 6	0.296 3
	合计	3.319 8	4.113 5	4.106 8	3.030 4	2.423 4	2.679 5	3.032 7	3.465 8	2.975 3	2.800 8	2.449 5	2.072 2	2.209 0	2.975 3

6.4.2　工业用水

工业用水包括规模以上工业企业用水和规模以下工业企业用水。2000～2012 年平均工业开采利用地下水 0.545 3 亿 m^3，其中规模以上工业企业用水 0.421 7 亿 m^3，占 77.3%；规模以下工业企业用水 0.123 6 亿 m^3，占 22.7%。由于政府对环境保护的重视，对“三小”企业实施了关停并转，产业结构得到了调整，节水型工业得到了发展，近几年工业用水有所减少。现状年(2012 年)工业开采用水地下水 0.501 4 亿 m^3，其中规模以上工业企业用水 0.450 7 亿 m^3，规模以下工业企业用水 0.050 7 亿 m^3(见表 6-11)。

6.4.3　生活用水

生活用水主要包括城镇居民生活用水和农村居民生活用水。城镇居民生活用水还包括服务业及建筑业，鹤壁市区居民生活用水主要是地表水，在地表水不能满足用水要求时，才开采地下水。2000～2012 年平均开采利用地下水 0.219 2 亿 m^3，其中城镇居民生活利用地下水 0.087 0 亿 m^3，占 39.7%；农村居民生活利用地下水 0.132 2 亿 m^3，占 60.3%。2012 年开采利用地下水最大，为 0.351 3 亿 m^3，2008 年最小，为 0.173 3 亿 m^3(见表 6-12)。

6.4.4　林牧渔业用水

林牧渔业用水主要包括林业用水、牧业用水和渔业用水。林业开采利用地下水主要包括林地、果园用水。牧业用水主要包括马、牛等大牲畜及猪、羊小牲畜用水。渔业用水主要是鱼塘养鱼用水。2000～2012 年林牧渔业平均用水 0.203 9 亿 m^3，其中林业用水 0.040 9 亿 m^3，占 20.1%；牧业用水 0.056 1 亿 m^3，占 27.5%；渔业用水 0.106 9 亿 m^3，占 52.4%。2003 年开采利用地下水量最大，为 0.235 3 亿 m^3，2007 年最小，为 0.142 8 亿 m^3。现状年(2012 年)开采利用地下水量 0.212 6 亿 m^3，其中林业用水量 0.060 7 亿 m^3，牧业用水量 0.026 3 亿 m^3，渔业用水量 0.125 6 亿 m^3(见表 6-13)。

表6-11 鹤壁市2000~2012年工业开采地下水统计 (单位:亿 m^3)

行政分区	项目	2000年	2001年	2002年	2003年	2004年	2005年	2006年	2007年	2008年	2009年	2010年	2011年	2012年	平均
市区	规模以上工业	0.095 5	0.175 6	0.083 1	0.096 52	0.083 0	0.084 4	0.065 5	0.086 0	0.065 0	0.099 3	0.102 5	0.129 6	0.149 0	0.101 2
	规模以下工业	0.003 7	0.004 7	0.001 9	0.008 8	0.035 4	0.039 0	0.031 4	0.033 6	0.028 5	0.028 5	0.028 5	0.028 5	0.023 3	0.024 0
	合计	0.099 2	0.180 3	0.085 0	0.105 32	0.118 4	0.123 4	0.096 9	0.119 6	0.093 5	0.127 8	0.131 0	0.158 1	0.172 3	0.124 0
浚县	规模以上工业	0.069 6	0.032 1	0.032 1	0.105 80	0.105 8	0.110 8	0.108 0	0.108 0	0.107 0	0.107 0	0.119 2	0.144 6	0.175 8	0.102 0
	规模以下工业	0.031 2	0.059 1	0.059 1	0.035 57	0.017 9	0.022 9	0.019 3	0.019 3	0.065 8	0.045 8	0.045 8	0.020 4	0.018 2	0.035 4
	合计	0.100 8	0.091 2	0.091 2	0.141 37	0.123 7	0.133 7	0.127 3	0.127 3	0.172 8	0.152 8	0.165 0	0.165 0	0.194 0	0.137 4
淇县	规模以上工业	0.455 3	0.373 5	0.373 5	0.292 5	0.292 5	0.299 5	0.111 6	0.118 1	0.100 7	0.113 9	0.126 0	0.059 0	0.125 9	0.218 6
	规模以下工业	0.070 1	0.108 7	0.108 7	0.203 5	0.035 7	0.040 7	0.053 8	0.068 1	0.044 7	0.035 8	0.035 8	0.035 8	0.009 2	0.065 4
	合计	0.525 4	0.482 2	0.482 2	0.496 0	0.328 2	0.340 2	0.165 4	0.186 2	0.145 4	0.149 7	0.161 8	0.094 8	0.135 1	0.284 0
全市	规模以上工业	0.620 4	0.581 2	0.488 7	0.494 8	0.481 3	0.494 7	0.285 1	0.312 1	0.272 7	0.320 2	0.347 7	0.333 2	0.450 7	0.421 7
	规模以下工业	0.105 0	0.172 5	0.169 7	0.247 9	0.089 0	0.102 6	0.104 5	0.121 0	0.139 0	0.110 1	0.110 1	0.084 7	0.050 7	0.123 6
	合计	0.725 4	0.753 7	0.658 4	0.742 7	0.570 3	0.597 3	0.389 6	0.433 1	0.411 7	0.430 3	0.457 8	0.417 9	0.501 4	0.545 3

表 6-12　鹤壁市 2000～2012 年生活开采地下水统计

（单位：亿 m^3）

行政分区	项目	2000 年	2001 年	2002 年	2003 年	2004 年	2005 年	2006 年	2007 年	2008 年	2009 年	2010 年	2011 年	2012 年	平均
市区	城市生活	0.046 6	0.074 3	0.031 0	0	0.005 0	0.030 5	0.032 4	0.023 2	0.028 4	0.035 9	0.035 9	0.035 9	0.078 2	0.035 2
	农村生活	0.028 2	0.026 6	0.026 6	0.030 0	0.021 0	0.021 3	0.021 4	0.021 5	0.024 9	0.021 6	0.021 6	0.021 7	0.022 5	0.023 8
	合计	0.074 8	0.100 9	0.057 6	0.030 0	0.026 0	0.051 8	0.053 8	0.044 7	0.053 3	0.057 5	0.057 5	0.057 6	0.100 7	0.059 0
浚县	城市生活	0.012 0	0.012 0	0.012 0	0.014 0	0.013 6	0.013 9	0.013 8	0.014 5	0.014 6	0.029 1	0.028 4	0.029 5	0.082 4	0.022 3
	农村生活	0.085 6	0.091 6	0.091 6	0.094 5	0.099 4	0.099 7	0.089 9	0.090 0	0.050 0	0.070 1	0.070 1	0.070 2	0.074 5	0.082 9
	合计	0.097 6	0.103 6	0.103 6	0.108 5	0.113 0	0.113 6	0.103 7	0.104 5	0.064 6	0.099 2	0.098 5	0.099 7	0.156 9	0.105 2
淇县	城市生活	0.026 3	0.017 5	0.033 5	0.018 2	0.025 2	0.025 2	0.019 9	0.031 8	0.030 1	0.029 7	0.029 0	0.032 3	0.065 0	0.029 5
	农村生活	0.027 6	0.027 6	0.027 6	0.022 8	0.022 8	0.023 1	0.023 1	0.023 2	0.025 3	0.025 5	0.027 5	0.027 7	0.028 7	0.025 6
	合计	0.053 9	0.045 1	0.061 1	0.041 0	0.048 0	0.048 3	0.043 0	0.055 0	0.055 4	0.055 2	0.056 5	0.060 0	0.093 7	0.055 1
全市	城市生活	0.084 9	0.103 8	0.076 5	0.032 2	0.043 8	0.069 6	0.066 1	0.069 5	0.073 1	0.094 7	0.093 3	0.097 7	0.225 6	0.087 0
	农村生活	0.141 4	0.145 8	0.145 8	0.147 3	0.143 2	0.144 1	0.134 4	0.134 7	0.100 2	0.117 2	0.119 2	0.119 6	0.125 7	0.132 2
	合计	0.226 3	0.249 6	0.222 3	0.179 5	0.187 0	0.213 7	0.200 5	0.204 2	0.173 3	0.211 9	0.212 5	0.217 3	0.351 3	0.219 2

表 6-13　鹤壁市 2000 ~2012 年林牧渔业开采地下水统计　（单位：亿 m^3）

行政分区	项目	2000 年	2001 年	2002 年	2003 年	2004 年	2005 年	2006 年	2007 年	2008 年	2009 年	2010 年	2011 年	2012 年	多年平均
市区	林业	0.002 8	0.000 7	0.000 7	0.002 8	0.002 4	0.002 5	0.002 5	0.002 7	0.033 6	0.033 6	0.033 6	0	0.026 7	0.011 2
	牧业	0.012 0	0.074 1	0.024 1	0.032 0	0.032 3	0.032 9	0.003 0	0.003 1	0.003 2			0.033 4	0	0.019 2
	渔业	0.009 3	0.007 4	0.007 4	0.015 2	0.013 3	0.013 8	0.013 8	0.007 7	0.019 5	0.019 7	0.019 8	0.020 0	0.028 3	0.015 0
	合计	0.024 1	0.082 2	0.032 2	0.050 0	0.048 0	0.049 2	0.019 3	0.013 5	0.056 3	0.053 3	0.053 4	0.053 4	0.055 0	0.045 4
浚县	林业	0.008 1	0.005 4	0.005 4	0.029 0	0.029 4	0.029 5	0.029 5	0.033 5	0.033 7	0.033 7	0.033 7	0.016 0	0.034 0	0.024 7
	牧业	0.014 4	0.019 2	0.019 2	0.022 5	0.022 8	0.022 9	0.023 0	0.023 1	0.023 2	0.017 0	0.017 0	0.033 7	0.010 0	0.020 6
	渔业	0.075 0	0.077 4	0.077 4	0.082 7	0.080 7	0.081 6	0.081 6	0.037 7	0.052 6	0.053 1	0.053 1	0.053 6	0.065 7	0.067 1
	合计	0.097 5	0.102 0	0.102 0	0.134 2	0.132 9	0.134 0	0.134 1	0.094 3	0.109 5	0.103 8	0.103 8	0.103 3	0.109 7	0.112 4
淇县	林业	0.001 8	0.000 7	0.000 7	0.004 2	0.004 2	0.004 3	0.004 3	0.001 9	0.007 6	0.007 6	0.007 6	0.021 6		0.005 1
	牧业	0.014 0	0.008 9	0.008 9	0.017 9	0.018 2	0.018 3	0.018 4	0.018 5	0.018 6	0.022 6	0.022 6	0.007 6	0.016 3	0.016 2
	渔业	0.020 1	0.027 0	0.027 0	0.029 0	0.026 5	0.027 0	0.027 0	0.014 6	0.022 8	0.023 0	0.023 3	0.023 5	0.031 6	0.024 8
	合计	0.035 9	0.036 6	0.036 6	0.051 1	0.048 9	0.049 6	0.049 7	0.035 0	0.049 0	0.053 2	0.053 5	0.052 7	0.047 9	0.046 1
全市	林业	0.012 7	0.006 8	0.006 8	0.036 0	0.036 0	0.036 3	0.036 3	0.038 1	0.074 9	0.074 9	0.074 9	0.037 6	0.060 7	0.040 9
	牧业	0.040 4	0.102 2	0.052 2	0.072 4	0.073 3	0.074 1	0.044 4	0.044 7	0.045 0	0.039 6	0.039 6	0.074 7	0.026 3	0.056 1
	渔业	0.104 4	0.111 8	0.111 8	0.126 9	0.120 5	0.122 4	0.122 4	0.060 0	0.094 9	0.095 8	0.096 2	0.097 1	0.125 6	0.106 9
	合计	0.157 5	0.220 8	0.170 8	0.235 3	0.229 8	0.232 8	0.203 1	0.142 8	0.214 8	0.210 3	0.210 7	0.209 4	0.212 6	0.203 9

6.5 地下水开发利用程度分析

从时间分布规律来看,2000 年鹤壁市全市用水量为 4.429 0 亿 m^3,2001 年用水量为 5.337 6 亿 m^3,2002 年用水量为 5.158 3 亿 m^3,2003 年用水量为 4.187 8 亿 m^3,2004 年用水量为 3.410 5 亿 m^3,2005 年用水量为 3.723 3 亿 m^3,2006 年用水量为 3.825 9 亿 m^3,2007 年用水量为 4.245 9 亿 m^3,2008 年用水量为 3.775 1 亿 m^3,2009 年用水量为 3.653 3 亿 m^3,2010 年用水量为 3.330 5 亿 m^3,2011 年用水量为 2.916 8 亿 m^3,2012 年用水量为 3.274 3 亿 m^3。多年平均用水量为 3.943 7 亿 m^3。

平原区地下水资源量为 2.394 7 亿 m^3,平原区地下水开采量为 3.135 2 亿 m^3,平原区地下水资源量已不能满足工农业发展的要求。

6.6 地下水开发利用对环境影响分析

(1)鹤壁市城区岩溶水开发利用程度较高,造成岩溶水地下水位下降,形成 29.27 km^2 的岩溶水水位降落漏斗,漏斗中心水位标高为 100 ~ 124 m。

(2)由于岩溶地下水位下降,地下水层之间相互补给,加剧了岩溶地下水的污染程度,造成总排泄点硫酸盐、总硬度、溶解总固体有增高的趋势。

(3)平原区由于地下水的过量开采,河渠道水位高于地下水位。在卫河地表水中主要超标项目有氨氮、挥发性酚类,地下水中也有严重超标,严重污染地下水。卫河部分河段河底高于地下水位,淇门段河底高程一般在 58.1 m 左右,地下水位一般在 53.7 m 左右,五陵段河底高程一般在 46.70 m 左右,地下水位一般在

45.9 m 左右。水库和引水工程蓄住和引走了大量的地表水，地表水的基流量减小，地表水污染加剧。由于上游工业发展人口增加，工业和生活废污水大量排入河道，污染了地表水。蓄滞洪区建设不完善，太注重防洪，而不注重洪水资源利用，丰水年、偏丰年洪水资源白白流失，致使地下水没有得到有效补充。卫河 20 世纪 50～70年代水量丰沛，进入 80 年代后水量减少，但没有出现断流和河干的现象，90 年代开始出现河干和断流的现象；在干旱的 1997 年，淇门段河干 39 d，五陵段河干 156 d；1992～2005 年都出现了淇门—元村段全河河干现象，河干天数 5～40 d，河干长度 200 km，由于卫河水量减少和河干断流出现，大量开采地下水，地下水位逐年下降，增大了地表水对地下水的补给；过量超采地下水，使地下水位下降，由 20 世纪五六十年代的地下水排泄河道转化为河道补给地下水，淇门—元村段河道每年补充地下水约 1.1 亿 m^3。

第7章 地下水开发利用功能区划分

7.1 划分原则及方法

7.1.1 划分原则

(1)人水和谐、可持续利用。地下水功能区划分要统筹协调经济社会和环境保护的关系,科学制定地下水保护目标,促进地下水资源的可持续利用。

(2)保护优先、合理开发。充分考虑地下水系统对外界扰动的影响具有滞后性以及遭到破坏后治理修复难度大的特点,坚持水量水质保护优先。要特别注重对地下水水质的保护。

(3)统筹协调、全面兼顾。统筹协调不同用水(生活、生产、生态)之间、需求与供给之间、开发利用与保护之间、不同区域之间的关系;统筹考虑地下水补给—径流—排泄的特征以及与地表水的转化关系;统筹协调地下水不同功能之间的关系。地下水功能区划分要考虑地下水的开发利用现状及存在的问题。

(4)以人为本、优质优用。充分发挥地下水水量较为稳定、水质好的特征,在补给条件、开采条件和水质较好的地下水赋存区域,以生态与环境保护为约束,优先划分为对水量水质要求较高的地下水功能区。

(5)水量、水位和水质并重。划分地下水功能区和确定地下水功能区开发利用与保护目标,要全面考虑对各功能区水量、水质和生态水位的控制要求。

7.1.2　划分方法

地下水功能区可划分为开发区、保护区、保留区三类,主要协调经济社会发展用水与生态和环境保护的关系。

地下水划分的主要依据包括地下水补给条件、含水层富水性及开采条件、地下水水质状况、生态环境系统类型及其保护目标要求、地下水开发利用现状、区域水资源配置对地下水开发利用的要求。

7.1.2.1　**开发区**

开发区指地下水补给、赋存和开采条件良好,地下水水质满足开发利用的要求,当前及远期地下水以开发利用为主且在多年平均采补平衡条件下不会引发生态与环境恶化现象的区域。开发区还应满足以下条件:

(1)补给条件良好。多年平均地下水可开采模数不小于2万$m^3/(km^2 \cdot a)$;

(2)地下水赋存及开采条件良好,单井出水量不小于10 m^3/h;

(3)地下水矿化度不大于2 g/L;

(4)地下水水质能够满足相应用水户的水质要求;

(5)多年平均采补平衡条件下,一定规模的地下水开发利用不引起生态与环境问题;

(6)现状或远期具有一定的开发利用规模。

根据地下水的开采方式、地下水资源量、开采强度、供水潜力和水质条件,可将开发区划分为集中式供水水源区和分散式开发利用区。

1. 集中式供水水源区

集中式供水水源区指现状或远期内以供给生活饮用或工业生产用水为主的地下水集中式供水水源地。条件为:地下水可开采模数不小于10 $m^3/(km^2 \cdot a)$;单井出水量不小于30 m^3/h;现状或远期内,日供水量不小于1万 m^3的地下水集中式供水水源地。

2. 分散式开发利用区

分散式开发利用区指现状或远期内以分散的方式供给农村生活灌溉和小型工业企业用水的地下水赋存区域,一般为分散型或季节型开采。

7.1.2.2　保护区

保护区指区域生态与环境系统对地下水位、水质变化和开采地下水较为敏感,地下水开采期间应始终保持地下水位不低于其生态控制的区域。

7.1.2.3　保留区

保留区指当前及远期由于水量、水质和开采条件较差,开发利用难度较大或虽有一定的开发利用潜力但远期内暂时不安排一定规模的开采,作为储备未来水源的区域。

7.2　功能区划分

7.2.1　开发区

根据上述保护区的划分原则和方法,淇县京广铁路以东平原区、浚县全部为地下水开发利用保护区。

7.2.1.1　集中式供水水源区

1. 浚县集中式供水水源区

城区供水工程有自来水公司水井和自备井,均开采地下水。浚县自来水公司1969年正式供水。目前有水厂1座,综合供水能力仅达到0.5万 m^3/d,还有居民自建供水工程。城区综合供水能力为1.6万 m^3/d。供水管道长53.5 km。

2. 淇县城区供水水源区

自来水公司目前有水厂1座,综合供水能力仅达到0.5万 m^3/d,还有工矿企业及居民自建供水工程,供水管道长61 km。城区综合供水能力为3.9万 m^3/d。

浚县县城饮用水水源保护区划分:

浚县县城有水源地1处:浚县凤凰山水源地。其保护区划分方法为:该水源地为深层承压地下水,根据《饮水水源地安全保障规划细则》(简称《细则》)规定,需只划分保护区,不需设定准保护区。保护区划分方法为:水源地共4眼井(使用3眼),故采用井群外围各单井半径50 m圆的外切线所包含的区域设为保护区,其面积为0.025 km^2。上述一个水源地的水质管理目标为Ⅱ类水质。

淇县县城水源保护区和准保护区划分:

淇县县城地下水源地有1处,其保护区和准保护区划分分别为:该水源地为深层承压地下水,根据《细则》规定,需只划分保护区,不需设定准保护区。保护区划分方法为:水源地的井群为一字排开,共5眼井,故采用各单井半径50 m圆的外切线所包含的区域,即东西长0.1 km,南北长2 km,其面积为0.2 km^2。水源地的水质管理目标为Ⅱ类水质。

7.2.1.2　分散式开发利用区

除集中式供水水源区外,铁路以东广大地区为分散式开发利用区。

7.2.2　保护区

根据保护区的划分方法和原则,鹤壁市卫河山丘区划分为地下水开发利用保护区,面积503 km^2。

7.2.3 保留区

根据保留区的划分方法和原则,鹤壁市需划分保留区。

第 8 章　地下水研究成果

8.1　研究成果

鹤壁市先后完成了《鹤壁市水资源调查和水利化区划报告》《淇县水资源调查和水利化区划报告》《浚县水资源调查和水利化区划报告》(1983 年)、《河南省鹤壁市供水水文地质勘测报告》(1988 年)、《河南省鹤壁市城市岩溶地下水评价成果报告》(2005 年)。在鹤壁市进行区划调整后,对地下水还没有进行过较系统、全面、完整的分析和研究。在此基础上对鹤壁市的地下水进行全面的研究,分析地下水的演变过程及规律,应用新理论、新方法对鹤壁市的地下水水质、水量重新定义,查清地下水的分布情况,对鹤壁市科学合理开发利用地下水提供技术支撑。

基于本研究成果,分析了鹤壁市的自然概况、地表水资源、地下水资源量、地下水动态和地下水埋深演变规律,并对不同年代鹤壁市地下水资源的开发利用情况进行研究,针地下水资源的开发利用程度进行地下水资源功能区划分,确定了划分的依据和原则,为豫北平原其他城市地下水资源的研究提供理论和方法参考。

8.2 结　论

8.2.1 地下水资源量

全市山丘区地下水资源量为1.809 3 亿 m^3,平原区地下水资源量为2.394 7 亿 m^3,平原区与山丘区地下水重复计算量0.300 1 亿 m^3。全市地下水资源量为3.903 9 亿 m^3。

8.2.2 地下水开发利用

从时间分布规律来看,2000 年鹤壁市全市用水量为4.429 0 亿 m^3,2001 年用水量为5.337 6 亿 m^3,2002 年用水量为5.158 3 亿 m^3,2003 年用水量为4.187 8 亿 m^3,2004 年用水量为3.410 5 亿 m^3,2005 年用水量为3.723 3 亿 m^3,2006 年用水量为3.825 9 亿 m^3,2007 年用水量为4.245 9 亿 m^3,2008 年用水量为3.775 1 亿 m^3,2009 年用水量为3.653 3 亿 m^3,2010 年用水量为3.330 5 亿 m^3,2011 年用水量为2.916 8 亿 m^3,2012 年用水量为3.274 3 亿 m^3。多年平均用水量为3.943 7 亿 m^3。从时间分布来看,鹤壁市地下水开采量有减少趋势。

8.2.3 地下水供需平衡

全市地下水资源量为3.903 9 亿 m^3,多年平均地下水用水量为3.943 7 亿 m^3,地下水开采量比地下水资源量多0.039 8 亿 m^3。地下水开采和地下水资源量基本平衡。

平原区地下水资源量为2.394 7 亿 m^3,平原区地下水开采量为3.135 2 亿 m^3,平原区地下水资源量已不能满足工农业发展的要求。

8.2.4　供水结构

全市农业、林牧渔业、工业、生活等各项开采地下水量占地下水总开采量的比重分别是 75.4%、5.2%、13.8%、5.6%，表明农业灌溉是开采利用地下水大户。浚县农业灌溉开采地下水量占其地下水开采总量的比值最大，达到 85.9%。

8.3　建　议

农业用水占地下水用水中的 75.4%，农业是全市主要用水户，应增加节水灌溉面积，采用微灌、滴管等节水先进技术来压缩、减少农业用水量。

南水北调通水后，应优先使用南水北调分配给鹤壁市的水量，减少地下水的开采量，开展限采压采方案的实施。

开展节水器具、节水方法的研究。开展深层地下水评价研究，减少深层地下水开采。

严格按照地下水功能区的划分，保护好有限的地下水资源。

参考文献

[1] 河南省地下水资料[Z].河南省水文水资源局,1973~2012.
[2] 岳利军.河南省水资源[M].郑州:黄河水利出版社,2007.
[3] 黄永基.水资源评价导则[Z].北京:中国水利水电出版社,1999.
[4] 鹤壁市水资源公报[Z].鹤壁市水利局,2000~2012.